课题编号 2018YFB1700601

智能生产线的重构方法

申作军◎著

图书在版编目（CIP）数据

智能生产线的重构方法 / 申作军著. —北京：企业管理出版社，2023.10

ISBN 978-7-5164-2877-1

Ⅰ. ①智… Ⅱ. ①申… Ⅲ. ①自动生产线 Ⅳ. ①TP278

中国国家版本馆CIP数据核字（2023）第152860号

书　　名：智能生产线的重构方法
书　　号：ISBN 978-7-5164-2877-1
作　　者：申作军
责任编辑：徐金凤
出版发行：企业管理出版社
经　　销：新华书店
地　　址：北京市海淀区紫竹院南路17号　　邮　　编：100048
网　　址：http://www. emph. cn　　电子信箱：emph001@163.com
电　　话：编辑部（010）68701638　　发行部（010）68701816
印　　刷：北京亿友创新科技发展有限公司
版　　次：2023年10月第1版
印　　次：2023年10月第1次印刷
开　　本：710mm × 1000mm　1/16
印　　张：16
字　　数：200千字
定　　价：68.00元

序

智能生产线虚拟重构是一种通过计算机模拟的方式，对生产线进行虚拟设计和优化的工作。这种方法可以在实际生产线建成前，通过模拟试验和优化，预测每一个工作环节的效果和影响，提高生产效率和降低成本。

虚拟重构是智能化的基础，只有将生产线的各个环节中的重要元素进行有效的提取，将生产线的过程进行合理且保真的仿真建模，才能够对生产线进行智能化的分析，从而制定合理高效的生产策略。智能化是虚拟重构的目的，对于重构出的场景，充分挖掘潜在的优化问题，从生产效率、柔性、鲁棒性等多角度，从工艺流程、布局、生产排程等多场景开展智能化的研究，利用运筹优化的手段，解决这些实际生产中的困难问题，并且在虚拟场景中进行模拟和检验，从而实现生产线的全面智能化。

故而，智能生产线虚拟重构不是一个简单的技术问题，而是一个复杂艰深的建模问题。我们应该从生产线的各个环节进行哪些要素提取？需要关心哪些问题？如何进行有效的建模？不同的问题采取怎样的方法去求解？这一系列问题都需要进行全面且细致的思考、翔实而可靠的分析。

事实上，对于智能生产线虚拟重构的探索，不仅能够对现实中的生产线管理产生极为宝贵的实际价值，而且重构生产线的思路、生产线智能化的方法论，不同问题的建模理念、处理问题的具体方法，更具有极强的迁移价值，相关的研究内容可以适用于许多除生产线之外的虚拟重构研究、智能化管理场景，具有非凡的研究意义与理论价值。

我们切入了生产线中的产线布局与设计、生产调度、仓储管理、物流系统等环节，深入分析了每一个环节的自身特点、重要问题；对各个环节进行了详细的概念梳理和建模，重点突出了在实际生产的过程中，各个环节所直面的核心问题；并对这些核心问题进行了探讨、分析、建模与求解，辅以具体的实践案例，有效且全面地展示了这些环节的虚拟重构和智能化管理方法。

生产线的布局与设计是整个工业生产的基础，布局与设计的好坏在很大程度上决定了最终生产效率的高低与生产产品的优劣。生产线的布局和设计在过往是不会进行轻易更改的。但是，随着时代的飞速发展，制造业面对的客户、产品、生产方式等都迎来了快速的变化和迭代，传统的过于固定的布局和设计方法已经不再适用于这样的生产环境，反而对生产线布局与设计的灵活性与可塑性提出了相当高的要求。所以，为了提升生产线布局和设计问题的灵活性，如何对于生产线的布局与设计进行虚拟重构，厘清生产线布局与设计中的关键问题就变得尤为重要。在本书的第一章，我们针对这一问题进行了深入的探讨，建立了生产线布局与设计的基本模型，从模型和概念上完成了重构，为可调节、可更改、具有柔性的产线布局与设计提供了理论的基础。并且，我们结合先进的大数据方法、智能优化手段，更加动态化、全局化、实时化、精细化、复杂化地聚焦研究了若干个重要的典型优化问题，对于这些问题的建模及求解进行了细致的讲解与分析。章节中还介绍了大量具有参考和启发价值的智能算法以及具体案例。

生产调度问题通常被认为是生产线优化的核心问题，也是与生产效率联系最为紧密的生产线决策环节。当今时代的生产调度事实上面临着一个快速动态的、具有相当程度的随机性的决策空间。这就使得生产调度问题不再是过往的静态的、确定性的单一问题，而成为了一个涉及更加复杂的过程、更加灵活的处理方式、更高维度的评价指标的全新问题。因此，生产调度实际上成为了一个不断调整的、长期持续的发展过程。如何对这样的生产调度过程进行规划设计、安排调整就成为了驱动智能生产线发展的重大问题。在本书的第二章，我们将通过对生产调度进行虚拟重构，重塑我们对于生产调度过程的认知，将生产调度过程构造为一个更加泛化、弹性、应对性的新模型。在该模型基础之上，将过往的许多经典的生产调度问题进行重新诠释，对不同的问题特点及其影响进行了充分的分析与探讨，并结合具体的案例给出了适宜的解法，这些均可以作为生产调度虚拟重构的良好示范。

仓储管理是工业生产的重要组成部分。无论是原材料的仓储管理，还是在制品、最终产品的库存管理，都与整个生产系统的总体成本息息相关。合理的仓储管理应当做到有效地进行需求预测、结合自身具体的库存情况，制定合理的补货策略，从而高效率低成本地调节生产过程，做到需求满足与库存成本之间的良好权衡。信息管理系统的发展将仓储管理带入了数字化管理的新时代，这也为我们进行仓储管理的虚拟重构提供了良好的技术基础。而仓储管理硬件的灵活化、柔性化的趋势也为仓储管理的进一步优化提供了更多的可拓展空间。在本书的第三章，我们介绍了仓储管理方面的库存补货、仓库布局与订单拣选等典型的库存问题，并在这些经典的问题框架之下，深入研究了单个仓库的仓储管理重构、多仓库或者无仓库的仓库管理重构问题；初步建立起了仓储管理重构的思维框架、概念模型、数学模型，介绍并提出了针对具体问题的相关算法和策略。事实上，我们对于仓储管理虚拟重构的研究和思考，已经不仅仅局限于生产线这一问题背景，也不只关注制造业的应用场景，其模型和方法是可以推广到所有供应链相关问题之上的。我们在本章节所选取的案例，覆盖了电商物流、百货仓储、共享单车、立体仓库等各方面，能为所有应用背景的仓储管理问题提供良好的借鉴。

物流系统是制造业不可忽视的关键环节，从原料流到产品流，工业生产都离不开物料的运输与传递，对物流系统进行合理的科学管理是智能化生产线的关键，这既关系到生产节拍的把控、生产效率的提高，又对整个生产线的高效协调起到穿针引线的黏合作用。现代制造物流系统日益走向机器化、无人化、灵活化；这对从更为精细的数据层面去控制物流系统提供了充足的可能性，同时也对更加成熟高效的物流系统管理方法提出了迫切的要求。在此启发和激励下，在本书的第四章，我们基于自动导引车

（Automated Guided Vehicle，AGV）这一重要工具的使用，对物流系统进行了全面的虚拟重构，详细介绍了AGV的使用能够为物流系统带来怎样的增益，AGV支持下的物流系统应该怎样去建模，AGV的路由应该如何去规划，整个物流系统的设计、调度应当使用何种模型去分析，又应当使用什么样的算法和手段去求解。上述的问题一方面展示了生产线中物流系统的智能化图景，另一方面也切实地阐述了具体的技术手段（AGV）如何合理高效地嵌入到整个物流系统之中。

除了对于上述几个环节的精细分析与刻画之外，智能生产线更是一个相互联动的有机协同的整体性概念。生产线中各个环节相互联系非常紧密，在生产决策上决不能视为一个个孤立的个体，对智能生产线的各个环节进行合理的联合优化是势在必行又顺理成章的。特别是，当我们已经完成了对各个具体环节的虚拟重构时，各个环节的联合优化也就具备了理论研究的基础和实践应用的可能。也就是说，智能生产线的虚拟重构有助于我们进行生产各个环节之间的联合优化，而这种联合优化本身又进一步提高了智能生产线决策过程的整体性，会使生产线的智能化更上一层楼。在本书的第五章，我们探讨并介绍了大量的联合优化问题：工艺流程与产线布局的联合优化、工艺流程与生产排程的联合优化、产线布局与生产排程的联合优化、产线布局与物流调度的联合优化、生产与物流调度的联合优化、仓储库存与物流运输的联合优化以及其他的联合优化问题。这些问题或将各个生产环节进行两两联合优化，或将多个乃至整个生产过程进行联合优化。针对不同的具体问题，不同的实践案例，我们都介绍了对应的联合优化模型与求解方法。这些问题展现了虚拟重构给联合优化带来的巨大便利，以及在智能生产线虚拟重构的基础之上，联合优化以及整体性优化所产生的实际价值，具有广阔的研究空间与应用前景。

申作军

2023年3月

目　　录

第1章 生产线布局设计与重构

在制造企业生产制造的过程中，生产线布局设计的优劣，决定了企业能否有效地控制并降低制造成本，并在全球化的市场竞争中取得先位优势。一个好的生产线布局设计，不仅能够提高生产车间的空间利用率，大幅降低所占用的土地面积，尽可能节省土建成本，而且能够显著降低生产车间内部各制造单元之间的物流成本，并保持物料搬运的流畅性、包容性和稳定性。更为重要的是，生产制造的其他方面，如工艺流程、生产调度、物流调度等内容，均与生产线布局设计密不可分，甚至要在生产线布局设计工作的基础之上进行推进。因此，生产线布局设计是制造企业必须关心的重点工作。

然而，生产制造系统和生产制造过程并非一成不变的。同时，这也意味着一种生产线布局设计并不总是好的，面对不同的生产条件与情况，需要使用不同的生产线布局设计方案来与之匹配。随着制造企业技术水平、机器设备不断更迭，战略定位、产品线结构不断调整，所生产的产品不断更新换代，制造企业往往需要对生产线布局进行重构，来满足当前生产状态下对生产线布局的要求。

本质上，可以将生产线布局重构认为是制造企业再重新进行一次生产线布局设计。随着工业 4.0、物联网、数字孪生、工业大数据处理与分析等技术不断赋能制造企业，在生产线布局设计与重构问题中，我们所能处理的问题变得更加动态化、实时化、精细化、复杂化。在求解方面，利用目前不断提升的运算能力，我们能够解决许多过去几十年无法解决的生产线布局设计与重构问题。

生产线布局设计与重构问题是生产管理和工业工程中最重要的经典问题之一，在近几十年来引起了许多研究者的关注。尽管这一问题意义重大，但对该问题许多方面的研究仍处于初始阶段，在应用层面仍需要进一步的提高。因此，制造企业需要从多个维度来研究生产线布局设计与重构问题，以促进其指导实际生产制造系统的构建。在本章中，我们根据对众多文献的参考，对有关生产线布局设计与重构的各种问题进行全面和广泛的探讨，这有助于了解这一领域的研究现状，并丰富这项跨学科研究的知识库。读者可以参考本章讨论的结果来展开他们在本领域的工作。

1.1 生产线布局设计与重构问题介绍

1.1.1 问题定义

生产线布局设计与重构问题的定义是，在当前的约束条件下、当前的生产场景中，在生产线所在的生产车间场地上，对其所包含的所有制造单元的位置进行调整，找到最有效的布置，来满足一个或多个优化目标。有效的生产线布局设计与重构可以提高吞吐量、整体生产率和效率。反之，糟糕的生产线布局会导致在制品和制造提前期增加。

评价生产线布局设计与重构方案优劣的最重要指标是物料搬运成本。由于制造公司总运营成本的20%~50%和产品制造总成本的15%~70%都归因于物料搬运成本，因此，如果能有效地对生产线布局进行规划，针对不同的生产条件，分别采用最适合的生产线布局，公司可以提高生产力，并将这些成本降低至少10%~30%。相反，不适配的生产线布局可能会增加高达30%的物料搬运成本。此外，有些研究工作指出，应用错误的布局和位置设计可能会损失超过35%的系统效率。因此，生产线布局设计与重构问题是生产管理和工业工程文献中最重要的问题之一；在智能制造的大背景下，更是吸引了静态和动态布局领域的许多研究人员的关注。

当生产线制造单元之间的物料流动强度不随时间变化时，该问题被称为静态生产线布局设计与重构问题（Static Production Line Layout Reconfiguring Problem，SPLLRP），最简单的形式是，它可以被表述为二次型-分配问题（Quadratic Assignment Problem，QAP）。在二次型-分配问题的最基本范式中，所有制造单元都有相同的面积，生产车间场地被划分为 N 个大小相等的位置，其中每个制造单元被分配到一个位置上，反之亦然。因此，静态生产线布局问题本质上是把制造单元映射到位置，同时最小化每对制造单元之间的物料搬运成本之总和。

在长期规划期内，制造单元之间的物料流动强度不太可能保持不变。比如，当公司有新产品需要进行生产时，势必会导致生产条件发生变化。那么，当前生产线布局未必是最合适的，甚至可能会带来利润上的显著损失。因此，许多公司都会定期对其生产线布局进行一次重大重构。导致制造单元间物流流动强度发生变化的因素有下列五项：①更短的产品生命周期；②现有产品的设计变更；③增加或删除产品；④生产数量和相关生产调度的变化；⑤现有生产设备的更换。

基于上述五项因素，当制造单元之间的物料流动强度在规划期内发生变化时，静态生产线布局问题成为一个动态生产线布局设计与重构问题（Dynamic Production Line Layout Reconfiguring Problem，DPLLRP）。这种问题中，我们可以假设已经预测了每个周期的物料流动强度数据，并在整个周期内保持不变。通常，动态生产线布局问题包括为每个周期选择生产线静态布局，并决定是否在下一个周期将当前生产线布局更改为另一个布局。这类问题的目标通常是，在规划期的范围内，确定不同时段的生产线布局方案和重构时刻，以使物料搬运成本和连续时间内重新安排制造单元的成本之和最小化。

1.1.2 概念及术语

为了更清晰地介绍生产线布局设计与重构问题，我们引入以下基本概念。

(1)制造系统。制造系统组织设备、人员和信息，制造和组装成品并运送给客户，既可以指一个大型的生产工厂，也可以指一个独立的生产单元。

(2)生产线。生产线是指专用于生产特定数量产品或产品系列的设备集合。

(3)生产线布局。生产线布局是指在满足给定的空间或性能约束条件下，将工位、设备、物料缓存、仓储等各类设施合理、优化地布局在特定空间内，从而有效、经济、安全地达到预期目标。

(4)生产车间。生产车间是企业内部组织生产的基本单位，也是企业生产行政管理的一级组织。其由若干制造单元构成。

(5)制造单元。制造单元是指使一种或多种原料转换、分离或反应直到生产出中间或最终产品的设备集合。

(6)物料。物料是与产品生命全周期有关的材料、毛坯、半成品、外协件和包装物等的总称。

(7)物料搬运系统。物料搬运系统是指一系列配合生产过程，完成在稀缺资源分配过程中所涉及的物流调配的设备。

(8)曼哈顿距离。曼哈顿距离是指在欧几里得空间的固定直角坐标系上两点所形成的线段对轴产生的投影的距离总和。

1.1.3 问题特性概览

在生产线布局设计与重构问题中，会特别关心一些影响最终设计的特性，比如制造系统的类型、制造单元的形状和维度、所选物料搬运系统，以及不同制造单元间允许的物流强度。这些特性详述如下。

1.1.3.1 制造系统的类型

生产线布局直接受制造系统规格的影响，如产品的种类和产量。在经典分类中，制造系统大体可分为四类，即产品式布局(Product Layout)、工艺式布局(Process Layout)、固定位置式布局(Fixed-position Layout)和细胞式布局(Cellular Layout)。①在产品式布局中，由机器和设备组成的制造单元根据产品所需的操作顺序排列在一条线上。材料从一个制造单元依次移动到另一个制造单元，没有任何回溯和绕过。产品式布局用于生产能力高、产品种类少的系统。②在工艺式布局中，相似类型的机器会被一起布置在一个位置。例如，执行喷漆操作的机器被分组在喷漆制造单元，执行冲压操作的机器则被安排在冲压制造单元。当制造系统必须以相对较小的规模处理多种产品时，工艺式布局通常被认为是合适的。③在固定位置式布局中，生产的主要产品被固定在一个位置，机器、设备、劳动力和组件被带到产品所在的位置。这种特殊类型的布局与制造重型和大型产品的行业相关，如机车、货车、船舶和飞机。④在细胞式布局中，生产特定类别零件所需的操作按一定顺序排列。当操作系统必须处理中等数量的平均种类的产品时，使用细胞式布局。这种类型的布局结合了产品式和工艺式布局的各个方面。

随着工业4.0、物联网、数字孪生、工业大数据处理与分析等技术的普及与应用，生产线布局设计与重构问题越来越依赖通过求解复杂数学模型来获得更合理的布局方案，但所提出的方案本质上仍可以归到上述四种分类中的一种或多种。可以说，经典分类并不过时，反而从宏观上给生产线布局重构提出了优化的方向，成为事实上的“规律性方案”。这是因为，复杂数学模型的建立不仅要考虑生产线本身的条件和限制，也要考虑其他方面的工作是否能够在重构布局的基础之上有效展开。对于制造企业来说，上述四种布局是有利于生产过程平稳有序进行的经典布局方案，是在不断实验和总结之中得到的“指导法则”。而通过求解复杂数学模型所获得的最优解或者局部最优解，所重构的生产制造企业生产线布局，不仅是在经典布局方案之上的改进方案，同时也是在四种布局上进行微调与融合的产物。

1.1.3.2 制造单元的形状和维度

制造单元形状主要有两种，包括规则形状(即矩形)和不规则形状(通常为多边形)，每个形状的角度总和至少为 270°。制造单元可以由固定长度和固定宽度来定义，也可以通过其面积或其纵横比来表示。通常情况下我们考虑具有规则形状的制造单元。

使用规则形状的制造单元，虽然牺牲了一定的真实性，但也给建立数学模型的过程带来了便利性和简洁性。这是因为，制造单元若为规则形状，则有关位置的约束条件通常只包含水平和竖直两个维度的限制，方便找到相应的约束条件。此外，模型真实性的降低对求解质量的影响通常微乎其微，甚至可以忽略不计。使用不规则形状，往往出现在生产车间空间紧张、需要尽可能提高空间利用率、精心设计每一制造单元或机器设备位置的情况之中。那么，不规则形状制造单元与位置相关的约束条件就不会只有水平和竖直两个维度，还包含在其他斜向的维度上的限制。这样做的好处是模型能够更接近真实运行情况，但也无疑增加了模型的复杂度和求解难度。

1.1.3.3 物料搬运系统组成

物料搬运系统(Material Handling System, MHS)定义为沿着物料搬运路径选择和布置搬运设备，以降低物料搬运成本。物料搬运系统可根据以下两个方面进行评估：①物料搬运设备。可能包括输送机、起重机、电梯、辅助设备、工业卡车、自动导向车辆(AGV)、机器人等。②布局配置与物料搬运路径。不同的布局类型，其物料搬运路径的特点不尽相同。在生产线布局设计与重构中也需要关注。

随着现代制造企业不断向机械化、自动化、智能化迈进，物料搬运系统的设备组成越来越复杂，其对生产过程的影响也越来越大，在生产过程成本控制和生产变化快速响应等方面扮演着越来越重要的角色，成了生产线布局设计与重构问题中必不可少的考虑因素。现代物料搬运系统具备更加强大的功能，在方便物料运输的同时，也给生产线布局重构带来了新的可能性。我们在建模过程中可以充分考虑多种物料搬运方式综合运用，尽管这可能会提升模型的复杂度，增加模型的求解难度，但同时也能够设计出更适合当前生产环境的生产线重构方案。

1.1.3.4 物料移动方式

有两种类型的物料移动方式需要关注，主要与产品型(流水线型)布局相关，同时也会影响产品的流动。两种动作分别是回溯和绕过。回溯是指物料从一个制造单元移动到另一个在当前制造单元之前的制造单元。绕过是指物料在移动过程中跳过某些制造单元。

上述这两种是较为常见的影响产品流动的动作。如前所述，随着物料搬运系统的功能愈发强大，产品的流动方式变得越来越复杂，逐渐从传统的流水式向发散式演化。一方面，这给生产布局重构带来了更多的变化，扩大了布局重构的决策空间；同时也进一步增加了约束的数量，使得模型变得更加难以求解。另一方面，这也要求我们结合新技术并设计新方法来高效解决复杂模型求解的问题。

除此以外，在生产线布局设计与重构问题中，我们通常认为产品流动是沿着水平和竖直方向展开的。在实际的生产过程中，更加灵活的生产制造系统的产品流动方向会更加多变。在生产线布局重构过程中充分考虑实际的流动情况，有助于我们做出更真实的重构决策。

1.1.4 典型问题分类

生产线布局设计与重构问题分为七个众所周知的子类别，即单行（Single-row）、多行（Multi-row）、双行（Double-row）、平行双行（Parallel-row）、环路（Loop）、开放场地（Open-field）和多场地（Multi-floor）布局。

（1）单行布局设计与重构问题（Single-Row Layout Design & Reconfiguring Problem，SRLDRP）。单行布局设计与重构问题涉及将给定数量的矩形制造单元，沿着一条流水型生产线进行布置，以最小化总布置成本。单行布局设计如图 1-1 所示。总布置成本是所有制造单元对之间的流量和中心到中心距离的总和。可以在单行布局设计与重构问题研究中经常见到几种生产线形式，如直线形、半圆形或 U 形。

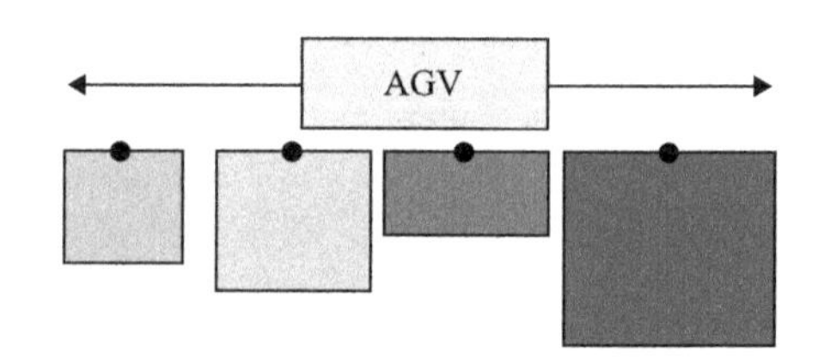

图 1-1 单行布局设计示意图

（2）多行布局设计与重构问题（Multi-Row Layout Design & Reconfiguring Problem，MRLDRP）。多行布局设计与重构问题将一组矩形制造单元放置在二维空间中给定数量的行上，从而使所有制造单元对之间的中心到中心距离的总加权和最小化。多行布局设计如图 1-2 所示。在这种类型的问题中，可以将每个制造单元分配给任何给定的行。这些行都具有相同的高度，并且相邻行之间的距离都相等。

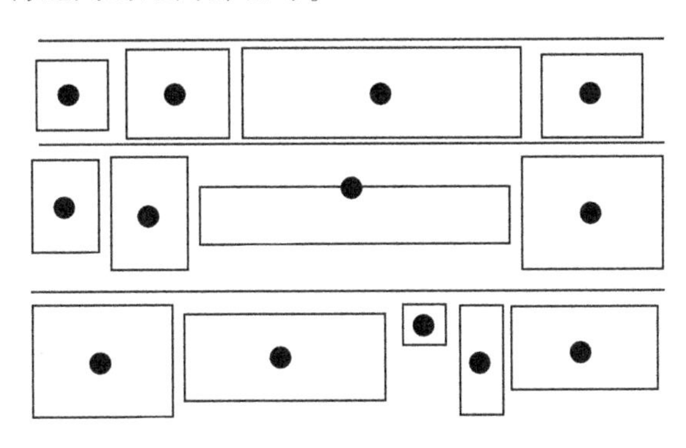

图 1-2 多行布局设计示意图

（3）双行布局设计与重构问题（Double-Row Layout Design & Reconfiguring Problem，DRLDRP）。双行布局设计与重构问题涉及在一条直线形物料搬运通道的两侧布置多个不同宽度的矩形制造单元，以最小化制造单元之间的物料搬运成本。双行布局设计如图 1-3 所示。往往采用 AGV 等物料搬运系统，它们沿着物料搬运通道运行，将物料从一个制造单元移动到另一个制造单元。

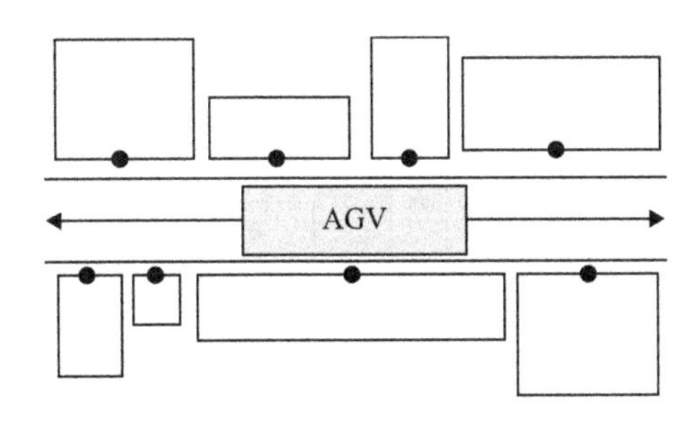

图 1-3 双行布局设计示意图

（4）平行双行排序设计与重构问题（Parallel-Row Ordering Design & Reconfiguring Problem，PRODRP）。在平行双行排序设计与重构问题中，具有一些共同特征的制造单元将被分成两组。一组沿着一行按照一定顺序来进行布置，另一组制造单元则被安排在另一行上。平行双行排序设计如图 1-4 所示。双行布局重构问题和平行双行排序重构问题略有不同。平行双行排序重构问题假设两行中制造单元均从一个起始位置开始布置，并且两个相邻制造单元之间不允许有间隔，而双行布局重构问题没有这样的假设。此外，双行布局重构问题中假设两行之间的距离为零，而在平行双行排序设计与重构问题中则不是。

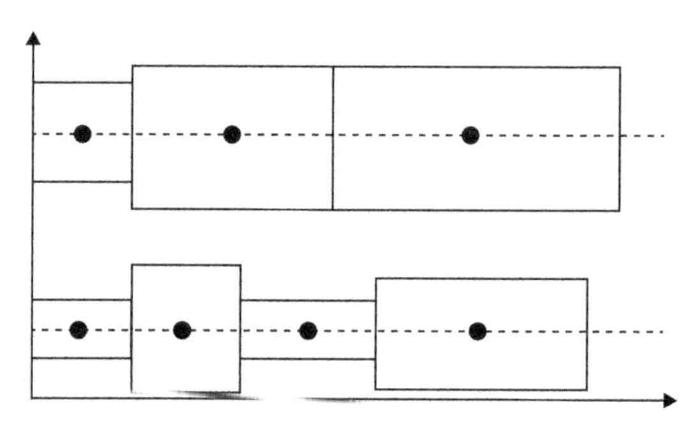

图 1-4　平行双行排序设计示意图

(5)环路布局设计与重构问题(Loop Layout Design & Reconfiguring Problem，LLDRP)。环路布局设计与重构问题旨在找到 n 个制造单元，分配给环路中的 n 个预定候选位置，从而使总处理成本最小化。环路布局包含一个装载/卸载站，即零件进入和离开环路的位置。该站是唯一的，假设位于位置 1 和 n 之间。环路布局设计如图 1-5 所示。

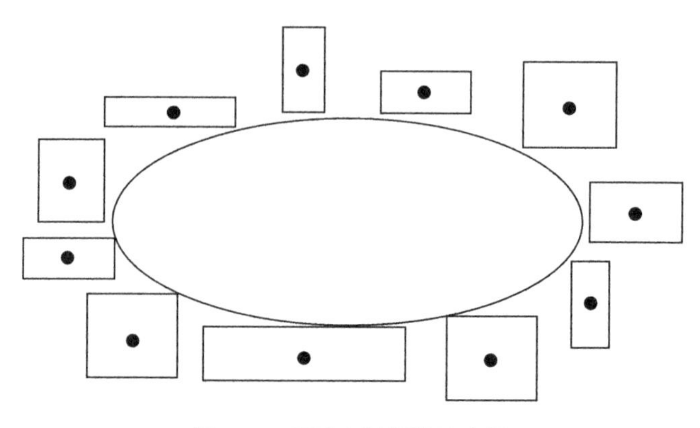

图 1-5　环路布局设计示意图

(6)开放场地布局设计与重构问题(Open-Field Layout Design & Reconfiguring Problem，OFLDRP)。开放场地布局设计与重构问题对应于更复杂的情况。制造单元可以在不受单行、双行、平行双行、多行或环路布局等限制的情况下任意放置。开放场地布局的设计与重构最突出的限制是制造单元之间的不可重叠约束。开放场地布局设计如图 1-6 所示。

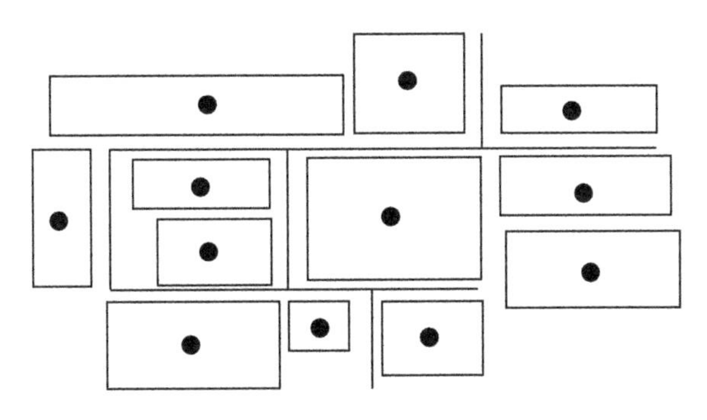

图 1-6 开放场地布局设计示意图

(7)多场地布局设计与重构问题(Multi-Floor Layout Design & Reconfiguring Problem，MFLDRP)。多场地布局大致分为两种形态，即垂直型多层布局和水平型多车间布局。垂直型多层布局充分利用高度，将多层生产车间垂直放置。在城市地区，生产车间空间不足，使用大面积场地的成本过高，使得设计师和工程师不得不考虑使用这种垂直型多层布局而非单层布局进行生产线的布局设计与重构。此外，垂直型多层布局可以节省土地以供未来的扩展。在垂直型多层布局中，零件不仅可以在每一生产车间场地上水平移动(即在水平流动方向上)，还可以从一个生产车间场地上移动到位于不同楼层的另一个生产车间场地上(即沿垂直流动方向)。垂直型多层布局设计如图 1-7 所示。而水平型多车间布局是将多个生产车间联合起来，同时对这些生产车间进行布局重构。在水平型多车间布局中，零件不仅可以在每一生产车间场地的内部移动，还可以在运输设备的辅助下，从一个生产车间的场地上移动到另一个生产车间的场地上。水平型多车间布局设计如图 1-8 所示。水平型多车间布局重构能够使生产线生产更整体、更联动。这两类问题也是在生产线布局设计与重构中我们着重关心的问题，我们往往会建立更复杂、更符合实际生产情况的数学模型，并利用先进的算法进行求解。

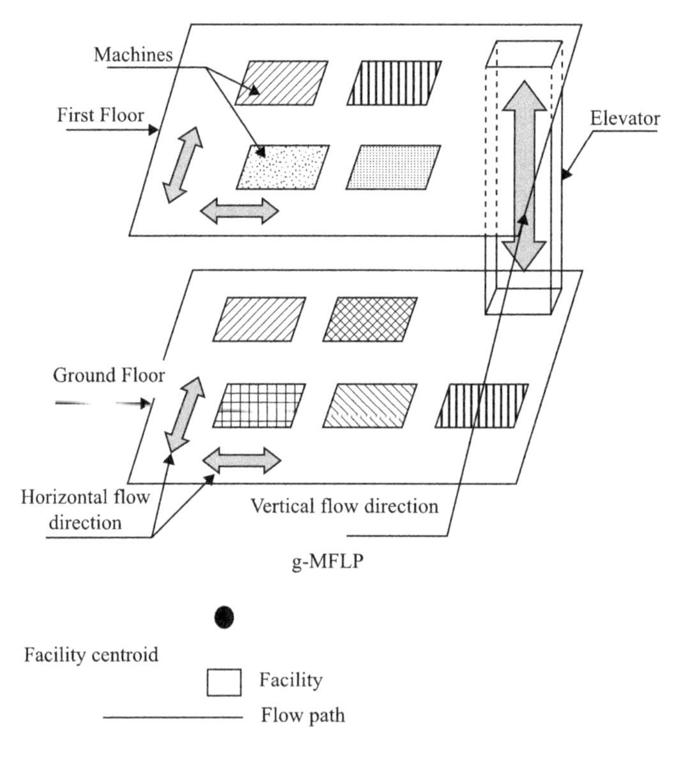

图 1-7 垂直型多层布局设计示意图

尽管现如今多数研究都集中在开放场地布局和多场地布局的情形中，但这不意味着前五种问题丧失了其重要性。恰恰相反，在现实生产制造过程中，前五种问题所代表的布局反而会经常使用。原因是采用具有一定限制的布局方案，能够有效地保证生产过程的平稳，使工人减少出错的可能。而且随着现代制造中工业大数据量井喷式增加，在每种问题的设定之下，都能建立出更符合实际生产情况的模型，都需要使用求解更迅速并能够提供高质量近似解的求解方法。因此，每一类问题的处理方式都是类似的。我们将在下面的章节中对模型建立和求解方法进行介绍。

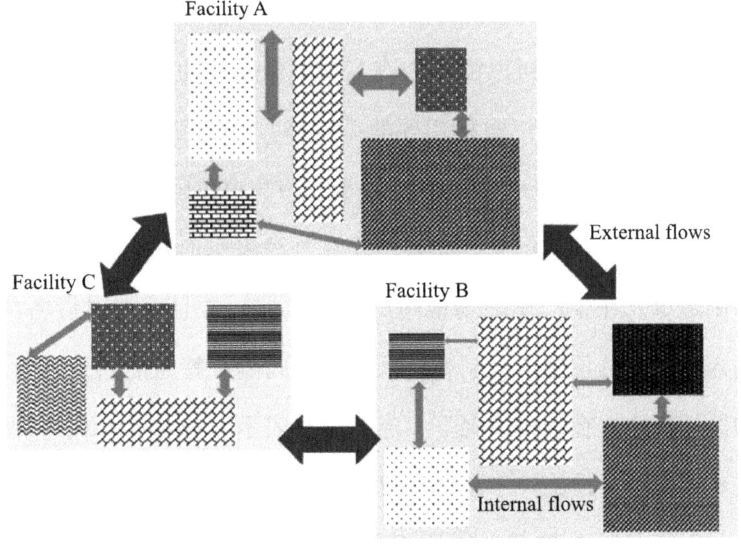

图 1-8 水平型多车间布局设计示意图

1.2 生产线布局设计与重构优化模型的建立与求解方法

在生产线布局设计与重构中，我们需要对实际情况进行抽象，并通过参数设定、确定优化目标、列出限制条件、选择合适的手段进行建模。下面我们将对建模与求解过程中需要注意的部分分别进行介绍。

1.2.1 问题表示形式

问题表示形式是影响模型建立的关键。问题表示形式从根本上决定了模型建立的方式、复杂程度、求解难度等问题。选择一个合适的问题表示形式有助于布局重构工作的进行。

离散形式表示和连续形式表示是生产线布局设计与重构问题中的重要因素。离散形式将生产车间场地划分为面积和形状相同的矩形块，每个块可以被分配给一个制造单元。在早期阶段，许多研究将离散布局建模为二次型-分配问题。此外，如果制造单元的面积不相等，可以这样处理：每个制造单元所需的空间可以由两个或多个单位相等的块所提供。通过将制造单元覆盖不同数量单位面积相等的小网格，仍然可以用二次型-分配问题的模型范式来进行处理。目标函数一般是将物料搬运的总成本降至最低。

但是，离散形式表示有其局限性。在这种表示形式下，布局方案很难表示出制造单元在生产车间场地中的确切位置，并且不能对设备的方向、物料输入和输出的位置点、制造单元之间的间隔等特定的约束进行适当且有效的数学表达。在这种情况下，连续形式表示更为合适。在这种类型的布局表示形式中，设施位于不同尺寸的连续型场地上，并主要包含以下 4 个假设：①所有制造单元必须位于限定的固定矩形区域或生产车间场地内；②制造单元的数量、每个制造单元的面积、成本及与每对制造单元相关的流量值是事先已知的；③制造单元之间不重叠，且在生产车间场地的边界内；④布局方案必须对制造单元的尺寸(每个制造单元的长度和宽度)提出最大比率限制(或最小值限制)。

连续形式表示的生产线布局设计与重构问题可以表示为一个混合整数规划(Mixed Integer Programming, MIP)问题。在一些研究所提出的混合整数规划模型中，大量地使用二进制变量来指定每个制造单元对之间的相对位置，并确保它们互相之间不存在重叠的可能。此外，还借助于每个制造单元的长度、宽度和边界，使用一组线性约束来表示制造单元面积。连续形式表示不只是考虑静态生产线布局设计与重构问题，在动态生产线布局设计与重构问题中也有用武之地。比如，可以考虑具有不等面积和各种形状制造单元的动态生产线布局设计与重构问题。在所提出的模型中，有些假设制造单元的相对位置是固定的，但它们的形状和大小在下一个时期可以改变。一些模型与范式在随后得到了扩展，并也引入了混合整数规划模型。

根据制造单元的布置方法，连续形式表示的生产线布局设计与重构问题中有一大类方法比较常用，即柔性间隔结构(Flexible Bay Structure，FBS)。在基于柔性间隔结构的布局重构中，生产车间场地被分成水平或垂直的平行隔间，其中每个隔间的宽度是灵活的，取决于该隔间内制造单元的总面积。在这种类型的表示中，每个制造单元仅限于位于一个隔间内，不允许扩展到其他隔间。不过隔间的数量、宽度和内容是没有限制的，这就是为什么这种表示被称为柔性间隔结构。

从另一个角度来看，生产线布局设计与重构问题可以基于以下两类问题进行表示。

一类是确定性生产线布局设计与重构问题。如果所有输入数据都是已知的，则可以有效地使用运筹学模型。在这种情况下，目标函数和约束是固定的，可以在特定条件下进行优化。

另一类是不确定性生产线布局设计与重构问题。在大多数模型中，假设运输成本、材料流和制造单元之间的距离是独立确定的，它们之间不存在相互作用。但是，这些假设远离真实情况。各因素之间会互相产生影响。不仅如此，物料搬运系统的设计情况也会对生产线布局设计与重构产生影响。物料搬运系统的设计师和生产线布局设计与重构的设计师均需要计算物料搬运成本，该成本取决于制造单元之间的物料流动。相关的参数是未知的，往往取决于需求。为了确定需求，有必要了解产品的价格。而产品的价格又取决于生产产品的所有成本，其中一个主要成本就是物料搬运成本。因此，各因素相互依赖的程度很高。所以，很多情况下，生产线布局的重构是在不确定的条件下进行的，除外部市场因素外，一些内部系统设计的问题(如物料搬运系统的设计)会影响生产线布局设计与重构。在这种情况下,博弈论可以成为不确定性生产线布局设计与重构问题建模的有效工具。

1.2.2 目标函数

评估生产线布局设计与重构方案的优劣时,目标函数的设定是重中之重。在重构过程中,定量或定性目标均有使用。定量目标有很多种,比如基于距离函数来最小化制造单元之间的物料搬运成本总和。定性目标往往用于目标函数无法通过数学表达式写出的情况。定性目标旨在将使用公共材料、人员或公用设施的制造单元放置在彼此相邻的位置,同时出于安全、噪声或清洁的原因将不适合放在相邻位置的制造单元分开。对于定性目标,使用关系图(通过值 A=绝对,E=特别,I=重要,O=普通,U=不重要,X=不期望)来最大化各种制造单元的接近性。

生产线布局设计与重构问题根据目标个数可以分为单目标生产线布局设计与重构问题和多目标生产线布局设计与重构问题。在单目标生产线布局设计与重构问题中,只考虑了一个定性或定量目标。定量目标包括最小化总物料搬运成本、最小化生产线布局重构成本、最小化回溯和绕过次数,使用不规则形状制造单元数量最少等目标。一个典型的定性目标是最大化设施之间的接近性。

在现实世界中,生产线布局设计与重构问题往往会同时考虑定性和定量标准。在这种情况下,首先要制定一个多目标。这种多目标可能是由两个或多个冲突目标所组成的,如总物料搬运成本最小化和物料搬运时间最小化。求解多目标有多种方法,如加权和法、全局准则法、模糊多目标规划、层次分析法和网络分析法;并可以按照单目标问题中的方式,提出相应的改进方法来解决与之相关的布局设计与重构问题。

1.2.3 数据类型

为了解决生产线布局设计与重构问题，需要几种类型的数据，如制造单元尺寸、运输成本和制造单元之间的物流强度。在大多数研究中，都假设这些数据是确定性的，并且是事先精确知道的。虽然这一假设在某些应用中是正确的，但在许多其他应用中并不现实——由于生产线的布局设计显然是在其投入运营之前完成的，因此，与客户需求相关的数据通常不够精确。因此，有必要使用能够对数据的不确定性进行建模的方法。在实践中，生产线布局设计与重构的柔性和鲁棒性是最近研究中关注的两个主要问题。

（1）具有不确定性的布局的一致性被定义为其柔性。用于解决该问题的方法可分为两种，即随机模型和模糊模型。FLP 的模糊模型包括两个主要类别，分别是通过使用语言变量定义参数的方法和将信息视为模糊数的方法。

（2）生产线布局设计与重构方案的鲁棒方法产生了一系列解决方案，这些解决方案对来自一组场景的输入数据的波动的敏感程度降低。使用该方法，决策者将选择最接近最优解的频率最高的备选方案。与概率模型不同，在鲁棒优化中，不需要确定参数的分布和精确值。

随着工业大数据处理和分析技术的进步，现代生产制造企业能够获得更实时、更真实、更海量的工业大数据，来评估生产过程中的各项参数取值。这为生产线布局设计和重构工作带来了更高的可信度，让结果更具有指导现实生产过程的意义。但是，需要再次强调的是，数据的爆炸势必会增加建模的困难性、模型的复杂性和求解的难度，为此也需要结合其他高端技术，如数字孪生和人工智能技术，来进一步推动生产线布局设计和重构。

1.2.4 建模方式

在过去的60年中，针对生产线布局设计与重构问题开发了各种数学模型。它们可分为以下七类。

(1)二次型-分配问题(Quadratic Assignment Problem，QAP)。如前所述，具有离散形式表示和相等制造单元的生产线布局设计与重构问题可以由二次型-分配问题公式化。之所以如此命名，是因为目标函数是变量的二阶函数。

(2)二次型-集覆盖问题(Quadratic Set Covering Problem，QSP)。具有不等大小制造单元和离散形式表示的生产线布局设计与重构问题可以表示为二次型-集覆盖问题。提出的二次型-集覆盖问题模型中，生产车间场地被划分为多个区块，其中每个制造单元被分配到恰好一个块中，每个区块最多被一个制造单元占用。目标是最小化总物料搬运成本，这是制造单元之间距离和物料流量的函数。

(3)线性规划问题(Linear Programming Problem，LP)。线性规划是一种优化线性目标函数的技术，其约束均为线性。

(4)整数规划问题(Integer Programming Problem，IP)。整数规划中所有变量都必须是整数。

(5)混合整数规划问题(Mixed Integer Programming Problem，MIP)。如前所述，混合整数规划问题是适用于解决连续形式表示和不等大小制造单元来表示的生产线布局设计与重构问题。混合整数规划问题模型由整数和非整数决策变量的混合目标函数组成，受若干等式和不等式约束。基于二次型-分配问题模型，可扩展成为混合整数规划问题模型。

(6)非线性规划问题(Nonlinear Programming Problem，NLP)。如果目标函数是非线性的，可行域由非线性约束确定，则该问题称为非线性规划问题。

(7)图论问题(Graph Theoretic Problem，GTP)。在这种方法中，每对制造单元间的相邻性可以用图来表示，其中节点表示制造单元，边表示制造单元之间存在物流或关系。在图模型中，假设将每对制造单元彼此能否相邻的可取性是已知的。

无论采用哪种建模方式，在当今追求高真实性、高精度布局设计与重构的背景之下，都会获得一个高度复杂的模型。尽管想要精确求解是几乎不可能的，但也可以采用启发式、元启发式、神经网络等方法获得高质量解。一般来讲，为了建模和求解的方便，会采用混合整数规划的方式进行建模，以避免高次和非线性的情况出现。

1.2.5 约束

一般来说，生产线布局设计与重构问题的约束包括面积、制造单元之间的间隙、方向、不能重叠、物料进出的位置和成本等项目。约束是多种多样的，往往以线性约束为主。非线性约束的引入会给问题的处理带来一定的难度。除此之外，约束的数量也直接决定了模型的复杂程度。在如今的生产场景中，抽象出来的约束数量往往多达二十类甚至更多，每一类又包含几十条甚至上百条约束。在如此复杂的模型设定下，如何减少引入不必要的约束，并降低寻找最优解的难度，是在建模过程中必须考虑到的层面。

1.2.6 求解方法

在1.2.2小节中，我们提到针对问题目标函数个数的不同，问题的解决策略略有区别。也就是说，对于多目标的生产线布局设计与重构问题，我们要先通过一定的方式确定各目标之间的比重，再按照单目标问题的方式来解决问题。因此，解决单目标的生产线布局设计与重构问题的方法是重点，可以套用至多目标的生产线布局设计与重构问题当中。

目前，学术界和工业界已经开发了各种方法和程序来解决单目标生产线布局设计与重构问题，可将这些方法分为四类，包括精确求解方法、随机方法、近似求解方法以及人工智能方法。各种方法的定义如下。

（1）精确求解方法。在20世纪60年代早期，学术界为开发求解二次型—分配问题的最佳算法进行了大量研究。精确求解方法是寻找小型单目标生产线布局设计与重构问题最优解的常用方法。动态规划、分支定界法、切割平面算法和半定规划是精确求解方法的典型例子。但在目前的生产线布局设计与重构问题的复杂程度下，精确求解算法往往无法使用。

（2）随机方法。是产生高概率近似最优解的算法。离散事件模拟方法是随机方法的一个例子。随机方法经常和仿真方法结合在一起，高精度的仿真的形成与应用离不开对生产过程中可能发生的随机事件概率的准确刻画。在数字孪生等技术的加持之下，随机方法将会起到越来越重要的作用。

（3）近似求解方法。生产线布局设计与重构问题是非确定性多项式困难问题（Non-deterministic Polynomial hard problem，NP-hard），优化方法无法在合理的时间内解决15个或更多制造单元生产线布局设计与重构的问题。因此，需要能够提供良好次优解的近似求解方法。这些方法可以被广泛分类为：

1）改进算法（Lmprovement Algorithms）。改进方法从初始解决方案开始，并尝试通过交换制造单元的位置来对初始解决方案进行改进。产生更好的解决方案的交换被保留。该过程将持续进行，直到解决方案没有获得进一步的改进。因此，改进程序的解决方案质量对初始布局设计非常敏感。这些方法的例子有成对交换、插入邻域、Lin-Kernighan邻域、计算机化的设施相对分配技术(Computerized Relative Allocation of Facilities Technique, CRAFT)、计算机化设施辅助设计(Computerized Facility Aided Design, COFAD)等。

2)构造算法(Construction Algorithms)。构造程序通过依次选择和放置单元，直到获得完整的布局设计。这些方法有一个共同的缺点，即最终解决方案可能远不是最优的，甚至不是近似最优的，因为这些方法只生成一个布局。构建算法的众所周知的例子是计算机化关系布局规划(Computerized Relationship Layout Planning, CORELAP)、自动化布局设计程序(Automated Layout Design Program, ALDEP)以及编程布局分析和评估技术(Programming Layout Analysis and Evaluation Technique, PLANET)。这些方法均属于启发式方法。面对高度复杂的问题，这类方法能够发挥自身所具有的求解速度快的优势，获得一个可行布局方案。

3)元启发式算法(Meta-heuristic algorithms)。近些年来学术界提出了许多不同的元启发式方法来解决生产线布局设计与重构问题。这些技术中最著名的是遗传算法、禁忌搜索、模拟退火和蚁群优化。元启发式算法的优势是不受问题的限制，且能够发挥搜索和探索的能力。

(4)人工智能方法，其属于计算机科学的一个分支，通过机器模拟人类的智能行为。专家系统和人工神经网络是人工智能算法最重要的分支。目前常见的解决方法有：端到端方法(End to End)，即通过已经训练好的神经网络直接获得最终布局方案；循环迭代(Iteration)，本质上和元启发式方法类似，但选择对当前解进行改进的方式是通过神经网络来确定的；马尔科夫决策过程(Markov Decision Process, MDP)，利用神经网络确认每一步决策所采取的行动，即决策将哪一制造单元放置到哪处，直到将所有的制造单元放置完毕，获得最终方案。尤其是随着机器学习、强化学习、深度学习等领域爆炸式的发展，目前人工智能方法在各类问题中均扮演着越来越重要的角色。算力和数据量的显著提升，也给这类方法带来了更强的可实施性与应用性。

1.3 当前趋势和未来研究与应用方向

本节将讨论生产线布局设计与重构问题这一研究领域的当前趋势和未来研究与应用方向相关的问题。在上述各小节中，我们对生产线布局设计与重构问题的定义、概念及术语、影响问题的特性、问题分类、数学模型建立方法和求解方法进行了详细的介绍。我们可以发现，在生产线布局设计与重构问题这一研究领域，大部分研究工作只关心静态化、离散化、确定性的问题。我们可以得出以下结论：

(1)需要更加关注生产线动态重构问题。在当今复杂多变的生产制造环境中，生产线布局需要适应来自生产过程内外部源源不断的变化。换句话说，由于科学的快速发展和产品线的变化，现在关注生产线动态布局重构比以往任何时候都更加重要。而目前，大多数研究人员已经充分研究了生产线静态布局重构。因此，需要有更多的针对生产线动态布局重构的研究。

(2)更多地考虑连续布局的表示形式。生产线布局设计与重构文献中报道的大多数解决方案技术使用了布局的离散表示。然而，在大多数应用中，制造单元面积的均等是一个非常糟糕的假设。因此，除了离散表示之外，还应更多地考虑连续表示布局的思想。

(3)尽量使用多目标模型。在数学模型的建立过程中，最常见的目标是最小化物料搬运成本这一定量的因素。在现存的文献中，受到数据条件的限制，大多数相关研究都集中于将此标准作为决定布局是否合适的因素，但往往忽略了其他重要因素。因此，在生产线布局设计与重构问题的背景下，还必须仔细考虑可能影响重构布局性能的定性因素，如制造单元之间的紧密度等级、工厂安全性以及未来设计变更的布局灵活性等，来构建一个多目标的生产线布局设计与重构问题。很明显，在生产线布局设计与重构问题中，为了提供更加适当的布局，我们不能忽略不同的目标。

(4)进一步开发能够获得高质量解的算法。生产线布局设计与重构是NP难问题。精确方法在小规模问题上可以获得高质量解决方案，但其解决问题所需的计算时间随着问题大小呈指数增长。因此，需要提供良好次优解的近似算法。在1.2.6小节中，我们介绍了这些算法可以分为精确求解方法、随机方法、近似求解方法(改进性、构造性、元启发式)和人工智能方法。在过去的二十年中，元启发式技术被广泛应用于解决生产线布局设计与重构问题的求解。更进一步，将元启发式方法放在一起比较，可以发现基于遗传算法和模拟退火的程序最受欢迎。近些年来人工智能领域的蓬勃发展也预示着其将大量应用在高度复杂的生产线布局设计与重构问题的求解当中。

(5)充分考虑与布局重构决策相关的参数的不确定性。在大多数研究中，已经假设输入数据的值是确定性的，并且预先精确已知。虽然这一假设在某些应用中是正确的，但在许多其他应用中是不现实的。在实际应用中，某些参数(例如产品需求、运输成本和制造单元尺寸)的精确近似是困难的；在某些情况下，由于测量误差和预测方法等原因，不可能实现。因此，有必要使用能够处理建模数据不确定性的方法。在实践中，生产线布局设计与重构问题的灵活性和鲁棒性是最近研究中关注的两个主要问题。

(6)将进行布局重构的决策成本考虑进来。在生产线布局设计与重构问题中，决定进行布局的重构是一项成本高昂的决策。因为每一次的布局重构都会影响生产过程，带来一定的损失。一家生产制造公司在生产过程中的现金投入是有限的，必须在给定的预算范围内运营。这是很自然的。由于布局上的高频次重构势必会带来运营成本的增加，因此，实事求是地说，在解决生产线布局设计与重构问题时，要尽量考虑重构决策方面的成本。应该注意的是，以前的大多数研究都没有考虑公司将进行一次布局重构所带来的固定成本这一因素。在未来的研究和应用中，我们不仅要单单考虑这一项，也可以和预测、随机等方面的工作结合起来，使得生产企业能够在更合适的时间点做出进行布局重构的决策。

(7)适当考虑对生产制造过程中随机事件的处理策略。现有研究主要涉及最小化物料搬运成本，但很少涉及物料搬运过程中可能发生的突发情况，且未能认识到这些随机事件也会显著影响生产制造系统性能。由于这些随机事件的出现，在大多数情形下效用良好的静态模型在动态情况下降低了对生产制造系统性能估计的质量，导致无法实现最佳布局。可以对现有的数学模型进行改进，排队理论可用于克服这一缺陷。但这无疑也大幅度增加了模型的复杂度和求解难度，对优化工具的要求也显著提高。除此之外，使用模拟和仿真也是较为不错的选择，尽管这样很难从宏观层面获得具有广泛指导意义的策略，但可以根据仿真结果获得在随机事件发生的情况下依然能够可行的布局重构方案，使生产制造系统的鲁棒性进一步增强，保证生产制造过程的抗风险性。不过，显然没有必要特别为了处理低概率随机事件的发生而在布局重构上进行大量的妥协，否则会显著提高生产制造的成本。

(8)充分考虑物料搬运系统的影响。除外部竞争对手外，一些内部系统问题会影响布局设计。比如，生产线布局设计与重构还受到物料搬运系统设计的影响。在本节中，我们强调了物料搬运系统是布局设计与重构问题中不可忽视的一部分，必须充分利用其功能性和灵活性。在实际设计中，物料搬运系统的设计师和生产线布局重构的设计师需要彼此了解对方的设计方案和设计想法，共同确定一些关键参数的取值。比如计算物料搬运成本，取决于制造单元之间的物料流动情况，这与布局和物料搬运系统均有关系。

(9)可以考虑市场环境与供应链上下游对生产成本的影响。在大多数模型中，假设运输成本、生产车间之间的物料流动、生产车间之间的路况等相对外界因素是独立且确定的，并且它们之间不存在相互作用和影响。然而，在现实世界中，各部分之间不会是彼此割裂的，且竞争对手和合作伙伴的行为如何，均可能对与布局相关的各种参数造成影响。在实际的生产过程中，生产车间可能分布在一座城市的各处，物料的运输也不仅仅依靠生产制造公司自己完成而是更多地采用外包的方式。竞争对手对生产制造公司的影响也不可忽略。不同的产品价格会带来不同水平的市场需求，反过来，产品的价格也取决于产品生产所花费的所有成本，其中一个主要成本是物料运输成本，这与布局息息相关。因此，布局重构其实应该是在更加高度不确定的条件下进行的，此外，布局设计与重构模型中的有关参数，有些是未知的，取决于市场需求。在以布局设计与重构为主题的文章中，极少数将这部分真实世界不可忽视的因素考虑进来。我们可以将博弈论的知识和原理应用进来，比如以双寡头 Bertrand 竞争模型为基础来确定与物料运输成本相关的参数数值，并建立相应的布局重构模型进行求解。

1.4 典型案例：多生产车间制造单元布局重构问题

本节所提出的典型案例——多生产车间制造单元布局重构问题，涉及将一组制造单元布置到多个生产车间中。在分配的过程中，要确定每一生产车间中各制造单元的分布及其最佳位置的坐标，并且要做到互相之间不重叠。在考虑实际生产的情况后，问题中也考虑了生产车间内部制造单元间的材料搬运流程和生产车间外部的材料运输流程。在本案例中，该问题被表述为具有三个目标的混合整数线性规划模型：最小化总体材料处理成本、最小化生产车间数量和最大化生产车间场地的空间利用率。本案例中所提出的模型较为复杂，约束条件较多但均为线性约束条件，具有较强的参考价值。在求解方法层面，提出了多目标粒子群元启发式算法。该方法隶属于元启发式算法，将复杂问题进行拆解，使子问题能够在优化求解器中进行求解，并结合了粒子群算法的精髓思想，能够在短时间内获得质量较好的近似解。在算法层面也提供了一定的借鉴。

1.4.1 问题描述

本问题是生产线布局设计与重构问题在复杂性上的扩展。本问题涉及将固定形状的制造单元分配到多个生产车间中，其中禁止制造单元之间在水平和垂直方向上互相重叠。此外，所有生产车间都有相同的规模和位于同样位置的物料进出口，物料将通过这些进出口在不同的生产车间之间流动。并且，根据制造工厂的工程设计，在生产车间内部和外部，物料运输由于方式的不同，分别会花费不同的运输费用。各制造单元之间的物料搬运过程可分为两种。当两个制造单元均位于同一生产车间的内部时，物流是通过物料搬运运输工具(如 AGV)实现的。这种灵活、自动、小规模的运输适合在生产车间内部进行。而当两个单元位于不同的生产车间内部时，就涉及使用卡车和叉车等运输工具在生产车间之间运送物料。两个生产车间之间的运输工具行驶距离为各自物料进出口之间的距离；涉及生产车间内部的剩余的运输，还是使用自动引导车(Automated Guided Vehicle,

AGV)来进行。由于外部物料运输需要使用卡车或叉车，因此其运输成本增高。与之前的一些研究类似，本问题中，假设每个制造单元的物料进出口位于矩形的中点，但每个生产车间的左下角是物料的进出口。此外，由于AGV是走水平和垂直的路径，因此用曼哈顿距离来测量两个制造单元之间的距离。需要注意的是，在我们的多生产车间制造单元布局重构问题中，有必要优化每个制造单元的精确位置，以最小化制造单元之间距离的加权和。此外，必须考虑减少各制造单元占领的生产车间的总数量，这样就节省了运行生产车间的费用；并且，还需要考虑提高生产车间场地的空间利用率，以最小化和平衡生产车间之间的包络矩形面积，从而把更多的可用空间用于存储、运输等其他工作上。

需要特别指出的是，本问题也和其他类型的问题息息相关。若把各生产车间沿着直线放置成一行，本问题可以被视为单行等距生产线布局设计与重构问题的特例，它们之间的主要区别是生产车间的数量是不确定的，必须考虑每个生产车间中是否进行制造单元的分配。另外，本问题与垂直型多层生产线布局设计与重构问题有一定的相似性，我们可以把每个生产车间视为垂直型多层生产线布局中的每一楼层的布局，生产车间的物料进出口的位置可以视为电梯。然而，与垂直型多层生产线布局设计与重构问题相比，本模型还考虑了内部和外部物料运输的各种运输费用，而且生产车间(楼层)的数量事先没有确定。因此，多生产车间制造单元布局重构问题是生产线布局设计与重构问题中更为复杂也更受欢迎的案例。

1.4.2 数学模型

根据所提出问题的特点，并考虑到描述的方便性，我们为每个生产车间定义了一个独立的坐标系。我们将生产车间的左下角设置为原点，并当作计算制造单元中心位置的参考；X 轴和 Y 轴分别与生产车间场地长度和宽度边缘重合。在这样的坐标系中，我们可以很容易地构建在实际生产过程中所必须满足的约束条件(例如，没有互相重叠的制造单元，每个制造单元只能被安排在一个生产车间中，并且制造单元的大小适合所放置的生产车间的尺寸等)。

接下来，我们将对定义的参数和变量符号做出说明；随后，我们建立了多生产车间设施布局设计与重构问题的混合整数线性规划(Mixed Integer Linear Programming，MILP)数学模型。

参数和编号

符号	含　　义
n	制造单元的数量
m	可使用的生产车间的最大数量
$\boldsymbol{N}$	制造单元的集合
$\boldsymbol{M}$	可使用的生产车间的集合
i，j，s	制造单元的编号
k，g，t	可使用的生产车间的编号
L_F	生产车间场地的长度
W_F	生产车间场地的宽度
l_i	第 i 个制造单元的长度
w_i	第 i 个制造单元的宽度
p_{ij}	制造单元 i 和制造单元 j 之间的物流价值
f_{ij}	制造单元 i 和制造单元 j 之间的物流频率
$cInt$	同一生产车间内部运输单位物料单位距离的成本
$cEnt$	不同生产车间之间运输单位物料单位距离的成本

决策变量

符号	含　　义
L'_k	覆盖第 k 个生产车间所包含的所有制造单元的包络矩形的长度
W'_k	覆盖第 k 个生产车间所包含的所有制造单元的包络矩形的宽度
$dExt_{ij}$	从制造单元 i 到制造单元 j，不同生产车间之间的运输设备在生产车间外部区域所走过的曼哈顿距离
$dInt_{ij}^{x}$	从制造单元 i 到制造单元 j，同一生产车间内部的物料搬运设备在生产车间内部区域在 X 轴所走过的距离
$dInt_{ij}^{y}$	从制造单元 i 到制造单元 j，同一生产车间内部的物料搬运设备在生产车间内部区域在 Y 轴所走过的距离
x_i^k	分属在第 k 个生产车间的第 i 个制造单元中心的横坐标值
y_i^k	分属在第 k 个生产车间的第 i 个制造单元中心的纵坐标值
α_{ij}^k，β_{ij}^k	确定制造单元相对位置的顺序——对变量 对于任意的制造单元 i，j，以下规则总是成立： 若$\alpha_{ij}^k=1$，$\beta_{ij}^k=1$，水平方向上制造单元 i 在制造单元 j 的前面； 若$\alpha_{ij}^k=0$，$\beta_{ij}^k=0$，水平方向上制造单元 j 在制造单元 i 的前面； 若$\alpha_{ij}^k=1$，$\beta_{ij}^k=0$，垂直方向上制造单元 i 在制造单元 j 的前面； 若$\alpha_{ij}^k=0$，$\beta_{ij}^k=1$，垂直方向上制造单元 j 在制造单元 i 的前面
S_k	1，如果生产车间 k 被使用；反之为 0
Y_i^k	1，如果制造单元 i 被放置到生产车间 k 上；反之为 0
q_{ij}^k	1，如果制造单元 i，j 被放置到生产车间 k 上；反之为 0

在建立了上述的符号体系之后，对于多生产车间制造单元布局重构问题的混合整数线性规划（MILP）数学模型，可以按照下面的方式进行建立。

目标函数

$F_{MHC} = \min\sum_{i=1}^{n-1}\sum_{j=i+1}^{n} p_{ij} \cdot f_{ij} \cdot cInt \cdot (dInt_{ij}^{x} + dInt_{ij}^{y}) + \sum_{i=1}^{n-1}\sum_{j=i+1}^{n} p_{ij} \cdot f_{ij} \cdot cEnt \cdot dExt_{ij}$	(1)
$F_{NWS} = \min\sum_{k=1}^{m} S_k$	(2)
$F_{NWS} = \min\sqrt{\sum_{k=1}^{m}\left(\frac{L'_k \cdot W'_k}{L_F \cdot W_F}\right)^2 / n}$	(3)

我们关注的三个主要目标如上所述。这些表达式恰当地反映了多生产车间设施布局规划问题的多目标性质。目标函数(1)用于衡量由内部和外部运输成本组成的整体物料搬运成本；目标函数(2)最大限度地减少了制造单元所需的生产车间的数量。除此之外，还提出了优化生产车间利用率的目标函数(3)，这涉及制造单元对生产车间场地的空间利用率。

约束条件

鉴于上述情况，所提出的整数规划模型的相关约束条件可表述如下：

$(m-1) \cdot L_F \cdot (2-Y_i^k-Y_i^g)+dExt_{ij} \geqslant (k-g) \cdot L_F \quad 1 \leqslant i<j \leqslant n;\forall k,g \in \boldsymbol{M},k \neq g$	(4)
$(m-1) \cdot L_F \cdot (2-Y_i^k-Y_i^g)+dExt_{ij} \geqslant (g-k) \cdot L_F \quad 1 \leqslant i<j \leqslant n;\forall k,g \in \boldsymbol{M},k \neq g$	(5)
$L_F \cdot \left(1 - \sum_{t=1}^{m} q_{ij}^t\right) + dInt_{ij}^x \geqslant x_i^k - x_j^k \quad 1 \leqslant i < j \leqslant n;k \in \boldsymbol{M}$	(6)
$L_F \cdot \left(1 - \sum_{t=1}^{m} q_{ij}^t\right) + dInt_{ij}^x \geqslant x_j^k - x_i^k \quad 1 \leqslant i < j \leqslant n;k \in \boldsymbol{M}$	(7)
$W_F \cdot \left(1 - \sum_{t=1}^{m} q_{ij}^t\right) + dInt_{ij}^y \geqslant y_i^k - y_j^k \quad 1 \leqslant i < j \leqslant n;k \in \boldsymbol{M}$	(8)
$W_F \cdot \left(1 - \sum_{t=1}^{m} q_{ij}^t\right) + dInt_{ij}^y \geqslant y_j^k - y_i^k \quad 1 \leqslant i < j \leqslant n;k \in \boldsymbol{M}$	(9)
$2 \cdot L_F \cdot \sum_{t=1}^{m} q_{ij}^t + dInt_{ij}^x \geqslant x_i^k + x_j^g \quad 1 \leqslant i < j \leqslant n;\forall k,g \in \boldsymbol{M},k \neq g$	(10)

续表

$2 \cdot W_F \cdot \sum_{t=1}^{m} q_{ij}^t + dInt_{ij}^y \geq y_i^k + y_j^g \quad 1 \leq i < j \leq n; \forall k,g \in \boldsymbol{M}, k \neq g$	(11)
$dInt_{ij}^x, dInt_{ij}^y \geq 0 \quad 1 \leq i < j \leq n$	(12)
$dExt_{ij} \geq 0 \quad 1 \leq i < j \leq n$	(13)

如上所述，约束条件(4)~(13)确定了各个制造单元之间的水平和垂直距离；约束条件(4)和(5)，是从制造单元 i 到制造单元 j，不同生产车间之间的运输设备在生产车间外部区域所走过的曼哈顿距离，即$dExt_{ij}$，所要满足的约束条件的线性化表示；约束条件(6)~(9)确定了分配给同一生产车间的制造单元之间，在生产车间内部区域水平和垂直方向上的距离，即$dInt_{ij}^x$和$dInt_{ij}^y$。但是，对于被分配到不同生产车间的部门，$dInt_{ij}^x$和 dIn_{ij}^y的定义方式有变化。可以通过约束条件(10)和(11)来测量它们之间在生产车间内部区域水平和垂直方向的距离。

$\sum_{k=1}^{m} Y_i^k = 1 \quad \forall i \in \boldsymbol{N}$	(14)
$S_{k-1} \geq S_k \quad \forall k \in \{2, 3, \cdots, m\}$	(15)
$\sum_{i=1}^{n} Y_i^k \geq S_k \quad \forall k \in \boldsymbol{M}$	(16)
$S_k \cdot n \geq \sum_{i=1}^{n} Y_i^k \quad \forall k \in \boldsymbol{M}$	(17)
$q_{ij}^k \leq \frac{1}{2} \cdot (Y_i^k + Y_j^k) \quad 1 \leq i < j \leq n; \ \forall k \in \boldsymbol{M}$	(18)
$q_{ij}^k + 1 \geq Y_i^k + Y_j^k \quad 1 \leq i < j \leq n; \ \forall k \in \boldsymbol{M}$	(19)
$S_k \in \{0, 1\} \quad \forall k \in \boldsymbol{M}$	(20)
$Y_i^k \in \{0, 1\} \quad \forall i \in \boldsymbol{N}; \ \forall k \in \boldsymbol{M}$	(21)
$q_{ij}^k \in \{0, 1\} \quad 1 \leq i, j \leq n; \ i \neq j; \ \forall k \in \boldsymbol{M}$	(22)

在约束条件(14)~(22)中，对二元变量Y_i^k，S_k，q_{ij}^k进行了定义。这涉及给定数量的制造单元的分布。约束条件(14)保证了每个制造单元只被安排在一个生产车间中。约束条件(15)~(17)确保S_k和Y_i^k取值之间的一致性；约束条件(15)保证了生产车间是按照顺序进行占用的，这防止了布局重构方案中出现一个夹在中间的空生产车间，带来外部运输成本的增加。此外，S_k和Y_i^k之间的关系由约束条件(16)和(17)表示。注意q_{ij}^k，这一组为简化各种距离的表达式而定义出来的变量应满足约束条件(18)和(19)。

$\frac{1}{2} \cdot l_i \cdot Y_i^k \leqslant x_i^k \quad \forall i \in N;\ \forall k \in \boldsymbol{M}$	(23)
$x_i^k \leqslant \left(L_F - \frac{1}{2} \cdot l_i\right) \cdot Y_i^k \quad \forall i \in \boldsymbol{N};\ \forall k \in \boldsymbol{M}$	(24)
$\frac{1}{2} \cdot w_i \cdot Y_i^k \leqslant y_i^k \quad \forall i \in \boldsymbol{N};\ \forall k \in \boldsymbol{M}$	(25)
$y_i^k \leqslant \left(L_F - \frac{1}{2} \cdot w_i\right) \cdot Y_i^k \quad \forall i \in \boldsymbol{N};\ \forall k \in \boldsymbol{M}$	(26)

如约束条件(23)~(26)所示，制造单元的中心坐标必须满足这些约束条件。根据我们定义的坐标系统，分配给生产车间k的制造单元i的横坐标和纵坐标的范围受到限制，以确保该制造单元位于生产车间场地的内部，没有重叠。

$\alpha_{ij}^k + \alpha_{ji}^k = 1 \quad 1 \leqslant i < j \leqslant n;\ \forall k \in \boldsymbol{M}$	(27)
$\beta_{ij}^k + \beta_{ji}^k = 1 \quad 1 \leqslant i < j \leqslant n;\ \forall k \in \boldsymbol{M}$	(28)
$\alpha_{is}^k + \alpha_{sj}^k - \alpha_{ij}^k \leqslant 1 \quad \forall i,\ j,\ s \in \boldsymbol{N};\ \forall k \in \boldsymbol{M}$	(29)
$\beta_{is}^k + \beta_{sj}^k - \beta_{ij}^k \leqslant 1 \quad \forall i,\ j,\ s \in \boldsymbol{N};\ \forall k \in \boldsymbol{M}$	(30)
$\alpha_{ij}^k,\ \beta_{ij}^k \in \{0,\ 1\} \quad 1 \leqslant i,\ j \leqslant n;\ i \neq j;\ \forall k \subset \boldsymbol{M}$	(31)

约束条件(27)~(31)用于确认制造单元的相对位置，并表示成有效序列。一对变量α_{ij}^{k}和β_{ij}^{k}，表达了制造单元间的位置关系。如上所述，约束(27)和(28)确保每个制造单元在使用时恰好出现一次，约束(29)和(30)是两对变量的传递性约束。

$x_i^k+\frac{1}{2}\cdot l_i\cdot Y_i^k\leqslant x_j^k-\frac{1}{2}\cdot l_i\cdot Y_j^k+L_F\cdot(2-\alpha_{ij}^k-\beta_{ij}^k)\quad \forall i,j\in \boldsymbol{N};i\neq j;\forall k\in \boldsymbol{M}$	(32)
$y_i^k+\frac{1}{2}\cdot w_i\cdot Y_i^k\leqslant y_j^k-\frac{1}{2}\cdot w_i\cdot Y_j^k+W_F\cdot(1+\alpha_{ij}^k-\beta_{ij}^k)\quad \forall i,j\in \boldsymbol{N};i\neq j;\forall k\in \boldsymbol{M}$	(33)
$(1-q_{ij}^k)\cdot L_F+L'_k\geqslant(x_i^k-x_j^k)+\frac{1}{2}\cdot(l_i+l_j)\quad \forall i,j\in \boldsymbol{N};\forall k\in \boldsymbol{M}$	(34)
$(1-q_{ij}^k)\cdot W_F+W'_k\geqslant(y_i^k-y_j^k)+\frac{1}{2}\cdot(w_i+w_j)\quad \forall i,j\in \boldsymbol{N};\forall k\in \boldsymbol{M}$	(35)
$L'_k,W'_k\geqslant 0\quad \forall k\in \boldsymbol{M}$	(36)

通过考虑到变量α_{ij}^{k}和β_{ij}^{k}，采用约束条件(32)和(33)来防止在同一生产车间中分配制造单元时在水平和垂直方向上重叠。对于约束(32)，如果制造单元i位于制造单元j的左侧，并且α_{ij}^{k}和β_{ij}^{k}的值加在一起为1，则i和j之间的最小间隔应为$\frac{1}{2}\cdot(l_i+l_j)$。同样，如果制造单元$j$在垂直方向上先于$i$，则$\alpha_{ij}^{k}=0$，$\beta_{ij}^{k}=1$；两个质心之间的距离不应小于$\frac{1}{2}\cdot(w_i+w_j)$，如约束(33)所示。第$k$个生产车间的包络矩形可以由约束(34)和(35)确定。

1.4.3 求解方法

1.4.2小节中所提出的模型是非常复杂的，具有三个目标函数的同时，还具有多达33组约束。当问题的规模随着生产车间数和制造单元数的增加而扩大时，总约束量必然会达到成百上千。另外需要注意的是，这个模型很难一次性确定所有变量的取值，而是先需要解决某些子问题，再来处理这个总问题。一个关键点是，在分配制造单元之前，必须确定可用于布局重构的生产车间数量。这使得问题很难通过精确的方法来处理，因为可行的分配组合数量是爆炸的。为了求解这一问题，提出了多目标粒子群元启发式算法(Multi-Objective Particle Swarm Optimization Algorithm, MOPSO)来求解。

这种方法针对多生产车间制造单元布局重构问题，提出了一种新的框架，用于每个粒子的进化计算。由于问题的解空间是离散的，因此要特别设定变换规则，来获得可行解，排除不可行解。此外，还采用了两阶段方法来寻找可行的解决方案。接下来将进行详细的介绍。

1.4.3.1 粒子编码

根据多生产车间制造单元布局重构问题的特点，以制造单元索引简单序列为编码的方案不能用来表示完整可行的生产线布局，因为该编码方案没有详细说明有关制造单元安排在哪一生产车间以及制造单元在生产车间的确切位置的信息。多生产车间制造单元布局重构问题的编码方法应在满足所提出的问题模型的基础之上，指出所有可能的组合。

所提出的编码方案具有四个段的矢量编码。第一个片段的 n 个元素由制造单元的标号组成，其顺序表示放置制造单元顺序。第二个片段用于获取分配给每个生产车间的制造数量。对于第三个片段，根据第二个片段的分配计划，确定每对制造单元间的相对位置，并在该段中显示。最后，第四个片段用于获得受本问题模型约束的每个制造单元的二维坐标。形式如下所示：

$$
\begin{aligned}
&ParticleIndividual \\
&= \{(Dep_1, Dep_2, \cdots, Dep_n)(\Gamma_1, \Gamma_2, \cdots, \Gamma \sum_{k=1}^{m} S_k)(\alpha_{ij}^k, \beta_{ij}^k)(\sum_{g=1}^{m} x_i^g, \sum_{g=1}^{m} y_i^g)\}
\end{aligned}
$$

1.4.3.2 放置策略

对于每个单独的粒子，首先能够获得的是段 1 的信息，并将根据段 1

的信息来对制造单元进行分配。可以使用下面描述的放置策略来完成。在尝试将制造单元放入生产车间时，应注意所使用的生产车间数量以及分配给同一车间的成对部门的相对位置；因此，可以根据该策略获取段 2 和段 3。

放置策略遵循顺序流程，在每个步骤安排一个制造单元。根据段 1 中的放置顺序依次获得所选择的制造单元。在初始阶段，使用第一个生产车间，整个场地面积都是可用的；之后，第一个制造单元被放置在生产车间的左下角。为了生成问题的可行解决方案，在每次放置单个制造单元后，都会更新剩余的可用空间。下一个制造单元按照先沿 X 轴，再沿 Y 轴的顺序展开放置。一旦后续制造单元没有足够的可用空间，则将使用新的生产车间。

1.4.3.3 两阶段方法

两阶段方法的思想是，对于每个单独的粒子，在第一阶段搜索制造单元的相对位置，也就是上述放置策略的作用；此后，在第二阶段确定它们的精确坐标。获得精确坐标的方式是求解数学模型。

需要再指出的是，原始数学模型中提到的决策变量中，S_k，Y_i^k，α_{ij}^k，β_{ij}^k这四组已经通过使用上面介绍的放置策略来获得。因此，制造单元的大致位置已经知晓。接下来将原始模型简化为与最优坐标相关的线性规划(LP)模型。所得到的第二阶段线性规划模型包含目标函数(1)~(2)，需要满足(4)~(13)、(23)~(26)和(32)~(36)约束组。但目标函数(3)不能被包含进来，因为它是非凸的。可以在 CPLEX 软件中求解这个线性规划模型。这样就获得了段 4 的信息。然后，将各个粒子所代表的可行解代入原始模型中，获取其真实目标函数值，并随后进行比较。

1.4.3.4 局部和全局搜索

在搜索的工作中，每个粒子首先充分且广泛地搜索其邻域空间，即进行局部搜索。而全局搜索则是将从局部搜索中获得的个体粒子和精英个体粒子(Gbest)融合起来，向精英个体靠拢。

搜索操作都是针对段 1 的信息进行的。$X_i^t=(Dep_{1i}^t, Dep_{2i}^t, \cdots, Dep_{ni}^t)$ 代表第 t 代的第 i 个粒子。后代粒子生成段 1 的信息之后，段 2、段 3、段 4 的信息根据放置策略和两阶段方法获得。

首先是对每个粒子进行局部搜索。单个粒子周围的邻域搜索空间在这里被视为具有相当相似序列的一系列可数解。因此，建议使用 2-opt 的方式从当前粒子生成一些后代粒子。一个有效的 2-opt 移动应当是交换当前序列中两个元素的位置。这个操作将推动后代粒子远离当前的粒子，但距离也不会太远。此外，在邻域搜索空间中执行多重采样可能是有用的，这些采样努力遍历所有可行的解决方案，并找到一个更好的解决方案。通过局部搜索所获得的优秀后代个体粒子形成了新的集合，进行后续的全局搜索操作。对新生成的粒子们进行变换操作，使其向精英个体粒子所在处定向移动一定的距离。这种定向移动需要仔细定义，以免获得不可行解。具体方式可以将新生成的粒子和 Gbest 的序列进行比较，统计两组序列的差异。再随机调换新生成的粒子中与 Gbest 不同的地方，以减少序列的差异。调整之后，通过计算目标函数值来判断是否有提升，再进行集合的更新。

1.4.3.5 MOPSO 流程

在介绍完上述 MOPSO 的组成部分之后，再明确一下 MOPSO 的操作流程：①随机生成初始个体集合。仅生成段 1 的信息即可，即制造单元编号的随机序列。通过放置策略和两阶段方法来生成段 2、段 3、段 4 的信息，编码成完整的个体。②在集合中挑选精英个体 Gbest，进行记录。③针对每一个体段 1 的信息，进行局部搜索和全局搜索的操作。仍使用放置策略和两阶段方法来生成完整个体信息，获得新个体的目标函数值。有提高的将留在集合中，效用低的个体将被淘汰，以此获得新的个体集合。④更新 Gbest，并判断是否达到迭代的终止条件。比如，连续多代 Gbest 的目标函数值没有提高，或者达到了最大迭代轮次。

算法 1 MOPSO 算法

第 1 步：随机生成初始个体集合。

第 2 步：在集合中挑选精英个体 Gbest。

第 3 步：针对每一个体段 1 的信息，进行局部搜索和全局搜索的操作，并进行集合更新。

第 4 步：更新 Gbest，并判断是否达到迭代的终止条件。如没有，则返回至第 3 步。

1.4.4 结论

本案例提出了一个多生产车间制造单元布局重构问题，涉及在多个生产车间内部分配制造单元，并确定各制造单元的准确位置，满足相应的约束条件。在本案例中，针对三个与目标相关的问题，介绍了一个混合整数线性规划(MILP)数学模型：最小化总体物料搬运成本(包括内部和外部流动成本)、最小化生产车间数量和最大化生产车间空间利用率。此外，还介绍了基于粒子群优化的元启发式算法 MOPSO，用来处理这一 NP 困难的问题。在提出的 MOPSO 中，根据多生产车间制造单元布局重构问题的特点，提出了一种单独的粒子编码方法，利用放置策略获得部分布局信息。并提出了 MOPSO 的两阶段方法，利用 CPLEX 等优化求解器，有效地找到子问题下的唯一最优解，提高解的质量。此后，通过 2-opt 操作来实现局部搜索，并根据问题离散化的特点定义了可以实现的全局搜索的方式，以加快收敛速度。本案例具有广泛的指导意义，建模方式和求解方法都代表了当今生产线布局设计与重构问题的发展潮流，具有较强的真实性和应用性。

参考文献

[1]Pillai V M, Hunagund I B, Krishnan K K. Design of robust layout for Dynamic Plant Layout Problems[J]. Computers & Industrial Engineering, 2011, 61(3): 813-823.

[2]Emami S, Nookabadi A S. Managing a new multi-objective model for the dynamic facility layout problem[J]. International Journal of Advanced Manufacturing Technology, 2013, 68(9-12): 2215-2228.

[3]Konak A, Kulturel-Konak S, Norman B A, et al. A new mixed integer programming formulation for facility layout design using flexible bays[J]. Operations Research Letters, 2006, 34(6): 660-672.

[4]Mckendall A R, Hakobyan A. Heuristics for the dynamic facility layout problem with unequal-area departments[J]. European Journal of Operational Research, 2010, 201(1): 171-182.

[5]Neghabi H, Eshghi K, Salmani M H. A new model for robust facility layout problem[J]. Information Sciences, 2014, 278: 498-509.

[6]Matai, Rajesh. Solving multi objective facility layout problem by modified simulated annealing[J]. Applied Mathematics & Computation, 2015, 261: 302-311.

[7]NavidiH, Bashiri M, Bidgoli M M. A heuristic approach on the facility layout problem based on game theory[J]. International Journal of Production Research, 2012, 50(6-8): 1512-1527.

[8]Hathhorn J, Sisikoglu E, Sir M Y. A multi-objective mixed-integer programming model for a multi-floor facility layout[J]. International Journal of Production Research, 2013, 51

(13-14): 4223-4239.

[9] Liu, Jingfa, Zhang, et al. Multi-objective particle swarm optimization algorithm based on objective space division for the unequal-area facility layout problem [J]. Expert Systems with Application, 2018.

[10] Solving dynamic double row layout problem via combining simulated annealing and mathematical programming[J]. Applied Soft Computing, 2015, 37: 303-310.

[11] Zahlan J, Asfour S. A multi-objective approach for determining optimal air compressor location in a manufacturing facility[J]. Journal of Manufacturing Systems, 2015, 35: 176-190.

[12] Coello C, Pulido G T, Lechuga M S. Handling multiple objectives with particle swarm optimization[J]. IEEE Transactions on Evolutionary Computation, 2004, 8(3): 256-279.

[13] Ahmadi A, Jokar M. An efficient multiple-stage mathematical programming method for advanced single and multi-floor facility layout problems[J]. Applied Mathematical Modelling, 2016, 40(9-10): 5605-5620.

[14] Anjos MF, Vieira M. Mathematical optimization approaches for facility layout problems: The state-of-the-art and future research directions [J]. European Journal of Operational Research, 2017, 261.

第2章 生产调度重构

生产制造的精益性和时效性在目前全球性的竞争市场中日趋重要，在制造过程中，生产调度工作通过高效地分配稀缺资源，使生产制造活动紧密有序地进行着。大多数制造系统都是在动态、随机的环境中运行的，生产计划人员不仅要生成高质量的调度计划，还必须对实时事件做出快速反应，因此调度安排是一个持续的发展过程。

在制造环境中，一个被广泛使用的控制系统是物料需求计划(MRP)系统，物料需求计划系统通常是相当复杂的。在调度计划生成之后，所有的原材料和资源都是在指定时间时合理调配的。所有任务的起始日期必须由生产调度系统和物料需求计划系统共同确定。每个任务都有一个物料清单(BOM)，详细列出生产所需的部件。物料需求计划系统对每个零件的库存进行跟踪，此外，它还决定了每一种材料补货的时间。在此过程中，它使用了类似于在调度系统中使用的批量调度技术。然而，在复杂的环境下，物料需求计划系统要圆满地完成调度工作并不容易。

在生产制造环境中，不可预测的意外事件可能会扰乱系统：如果某些机器的被占用率很高，任务的处理有可能会被延迟；当高优先级的任务到达繁忙的机器时，可能发展抢占现象；机器的临时故障以及超出预期的加工时间也会打乱计划。这些事件很难在生成调度计划时考虑进去，所以静态的调度方式在时效性和运算成本两方面丧失优势，合适的动态调度方式显得尤为重要。这些意外事件导致在预定的计划和车间的实际生产之间产生巨大的差异，迫使对原有的调度计划进行重新考虑和修改。因此制订详细的调度计划有助于保持效率和控制操作。

2.1 调度重构概述

生产系统是复杂的、动态的、随机的系统，在具有多种产品、多种工艺的生产系统中，生产调度活动能够更好地协调资源和任务的匹配关系，在提升系统的生产率的同时最小化运营成本。具体而言，调度是一个决策过程，在许多制造业和服务业中经常使用，它的目标是优化一个或多个目标，达到在给定时间段内将资源分配合适的任务的效果。从技术和实现的角度来看，调度安排是困难的。在技术方面遇到的困难类似于组合优化和随机建模中遇到的数学困难，在实现方面的困难可能取决于调度模型的准确性和输入数据的可靠性。

组织中的资源和任务可以有许多不同的形式。资源可以是车间的机器、机场的跑道、建筑工地的工作人员和计算环境中的处理单元等，任务可能是生产过程中的操作、机场的起飞和降落、建设项目的各个阶段和计算机程序的执行等。每个任务都可能有一定的优先级、最早的开始时间和截止日期。目标也可以采取许多不同的形式。一个目标可以是使最后一个任务的完成时间最小化，另一个目标也可以是使逾期的任务数量最小化。调度作为一种决策过程，在大多数制造生产系统以及大多数信息处理环境中都起着重要的作用，同时在运输和配送以及其他类型的服务行业中也很重要。

调度的结果通常是生成一个指导生产过程的调度计划，调度计划可以识别资源冲突，控制任务到车间的释放，以及保证原材料按时按量的供给；调度计划还可以给车间人员具体可行的明确说明，指示具体的工作，并确定交付承诺能否实现，以便经理和主管可以进行其他活动。在调度计划生成之后，生产操作就开始了。经理和主管希望车间生产能够遵守日程计划，但在实践中，操作人员可能会偏离调度计划：与调度计划有小的偏差是可以预料和接受的，通常被忽略；但当偏差较大时，可能发生了改变调度计划的意外事件，排程也因此失去经济性和可行性。此时，调度计划就需要进行重构，以满足当下的条件和目标。

调度重构是针对生产中断或其他变化而更新现有生产计划的过程，在意外事件下的调度重构问题被称为动态调度问题。研究此类问题对于更好地优化真实世界的调度系统具有重要意义。为了减少这些意外事件对系统性能的干扰，对原有调度计划进行重构是必要的。

2.1.1 概念及术语

为了更清晰地描述调度重构问题，我们引入以下调度系统的基本概念。

(1)制造系统组织设备、人员和信息，制造和组装成品并运送给客户，既可以指一个大型的生产工厂，也可以指一个独立的生产单元。

(2)车间控制决定人员和设备应该做什么操作以及什么时候应该做。一般来说，这个过程控制了所有的生产和资源的设计决策，包括订单释放策略、调度规则、批量大小和预防性维护策略。

(3)生产计划明确每一个任务的开始时间和结束时间，并指定该任务生产所使用的资源。

(4)生产调度是为一组给定的工作指定生产计划的过程。

(5)订单释放是通过决定待加入生产的任务来控制制造系统的输入的

行动。

(6)生产调度重构是针对生产中断或其他变化而更新现有生产计划的过程。

(7)调度点是做出调度决策的时间点，通常是调度计划的创建或修改的时间点。

(8)调度重构周期是指两个连续调度点之间的时间间隔。同时，调度重构的频率可以定义为调度重构周期的倒数，它衡量了执行调度重构的频率。

(9)调度稳定性衡量了调度计划在执行过程中所经历的修改的数量以及变动的大小。

(10)调度健壮性度量了扰动对调度系统性能的降低程度。稳定性衡量的是调度计划的变化，而健壮性衡量的是系统性能的变化。

基于调度系统，我们将介绍调度工作中用到的专业术语。

作业是一种生产任务，它包含一组详细的步骤，这些步骤被称为操作，这些步骤通常必须按照特定的顺序执行。每一个操作都必须在一台机器上执行，机器代表某种生产资源，例如一台设备。操作所需的执行时间称为处理时间。发布日期是指作业可以开始的最早时间，到期日期是指作业承诺的完成时间。在到期日之后完成工作偶尔是允许的，但通常会导致延迟的罚款。这部分超时时间被称为延迟。

调度计划是明确每一个任务的开始时间和结束时间，并指定该任务生产所使用的资源，一般简称为调度。给定一组作业和一组机器，调度问题是为所有操作创建一个生产计划的时间表。

对于实际可执行的计划，它必须满足某些条件，这些条件称为约束。例如，一台机器在任何时间只能执行一个操作，换句话说，一台机器不能同时执行两个或多个操作，这种类型的约束称为容量约束。有些工作或操作必须按照特定的顺序进行，例如，操作 1 必须在操作 2 之前执行，即操作 2 的开始时间不能早于操作 1 的结束时间，这种类型的约束称为优先约束。除了提到的两种约束外，还有其他类型的约束。

如果一个调度计划满足所有的约束条件，它就是一个可行的调度，这意味着该调度是可执行的。一个可行的调度被称为调度问题的解，对于一个给定的调度问题，可能存在许多解。

解决调度问题的目标通常不是找到一个可行的解决方案，而是根据某些性能指标找到最优解决方案或好的解决方案，这样的性能指标被称为目标。例如，如果我们想要尽快完成所有的操作，我们会尽量减少调度计划的最大完成时间。还有其他类型的目标，例如最小化总加权完成时间，最小化总加权延迟，以及最小化启动时间。启动时间是指机器上从一种操作类型转换到另一种操作类型的时间。在调度问题中，通常需要同时考虑多个目标。

通过优化调度计划，可以提高制造系统的效率，提高资源的利用率，降低生产成本，提高客户满意度。的确，生产调度有着对制造业的巨大的经济影响，这就是为什么它一直吸引着学术界和业界如此多的兴趣。

在考虑的所有调度问题中，任务数量和机器数量都假定是有限的。任务数量用 n 表示，机器数量用 m 表示。通常下标 j 表示一个任务，下标 i 表示一台机器。如果一个任务需要多个处理步骤或操作，则 $(i,\ j)$ 字母对是指任务 j 在机器 i 上的处理步骤或操作。以下是与作业 j 相关联的符号。

(1)加工时间 p_{ij}：任务 i 在机器 j 上的加工时间。

(2)释放日期 r_j：任务 j 到达系统的时间，即作业 j 可以开始处理的最早时间。

(3)截止日期 d_j：任务 j 承诺的发货或订单完成日期。在规定日期之后完成工作是允许的，但会受到相应的惩罚。

(4)任务权重 w_j：任务 j 相对于系统中其他工作的重要性，是一个优先级因子。例如，这个权重可以表示在系统中保留任务的实际成本；这个成本也可以是持有成本或库存成本；它还可以代表工作中已经增加的价值。

2.1.2 理论问题和现实问题

学术界对生产调度的研究大多基于理论调度问题，一些常见的理论调度问题类型包括：单机调度问题、多机调度问题、流水车间调度问题、作业车间调度问题和开放车间调度问题，等等。

许多生产调度问题的研究都采用了标准的三部分类方案，这种方案将调度问题表示为由三部分构成的“$\alpha|\beta|\gamma$”形式，其中 α 表示调度环境，β 表示待调度任务的所有目标特征和限制条件，γ 表示目标函数。这种方案已经在调度领域形成共识，被用来简明地描述各种各样的单机问题、并行机问题和车间调度问题等机器环境。

理论调度问题是现实调度问题的简化版本。它们是由研究人员使用复杂的数学模型和算法来解决的定义明确的问题。然而，现实世界的问题通常要复杂得多，定义也不是很明确。例如以下四点。

(1)在理论调度问题中，通常有一个固定的任务集。但在工业实践中，新作业任务是不断增加的。比起纯粹的调度问题，“重新调度”场景出现得更多。

(2)现实世界的制造环境通常比理论问题中假设的要复杂得多。

(3)大多数数学模型不考虑偏好。但在现实中，人工调度器经常根据特定的偏好创建计划。如一个作业可以安排在机器 A 或机器 B 上，但是机器 A 更可取。只有在某些特殊情况下，该作业才会调度到机器 B 上。

（4）大多数理论问题都集中在单个优化目标上。在现实世界中，通常有许多目标需要同时考虑。

理论问题提供了很多有价值的调度启示，但理论问题与实际问题之间还是存在很大的差距，因此更具灵活性的动态重构问题值得探索。动态重构问题的研究范围差异很大，没有标准的分类模式。调度重构环境定义了需要调度的作业集，它是调度重构框架的一个重要组件。调度重构环境可以分为静态调度重构环境和动态调度重构环境，前者具有有限的工作集合，而后者具有无限的工作集合。具体的分类可以参考下面的表2-1。

表2-1　调度重构框架

调度重构环境				
静态（有限的工作集合）		动态（无限的工作集合）		
确定型（所有信息已知）	随机型（部分信息已知）	固定到达型（循环调度）	变化到达型（流水车间）	工艺流程变化型（作业车间）

根据信息的可见性，静态调度重构环境可以分为确定型调度重构环境和随机型调度重构环境。确定型调度环境可以看作是调度重构的一个特殊情况，其中任务的集合是有限的，并且对未来没有不确定性，因此在确定调度计划之后，不需要任何修改。确定型问题可以分解为其他问题的子问题，在保留问题特征的前提下为其他问题提供解决方案。随机型调度重构环境也是调度重构的一个特殊情况，任务的集合同时是有限的，但有些变量是不确定的，例如加工时间可以是一个随机变量，所以即使确定了任务分配和任务序列，实际的加工开始时间和加工完成时间也不能确定。因此，随机型调度重构环境需要一些规则或策略来协调调度计划和实际情况之间的偏差。

动态调度重构环境具有无限的任务流，每个任务在被处理之前都需要进行调度。动态调度重构环境可以分为三种情况。

首先，如果任务在到达过程中没有不确定性和可变性，那么要处理的任务是提前知道的，生产计划是不断重复的。如果任务可以被分组成一个连续重复的最小零件集，那么只需要调度决策来处理这个最小零件集的最优序列，这就构成了循环调度情况。

其次，任务到达的时间和数量可能存在一定的不确定性，但所有的任务在制造系统中都要遵循相同的路径和相同的加工速率，那么就构成了流水车间调度情况。当不同任务之间存在显著的启动时间时，需要调度来决定资源在不同人物之间的转换情况。

最后，伴随着任务流到达的变化，工艺流程可能发生改变，这就构成了作业车间调度情况。

2.1.3 突发事件

突发事件是指在进行原本的调度计划时未纳入考虑或尚未发生的事件，也被称为扰乱或中断，通常是可以改变系统状态和影响系统绩效表现的事件。如果突发事件导致性能显著下降，则该事件将触发调度重构以减少影响，因此突发事件被称作调度重构因素(rescheduling factor)。根据来源不同，突发事件可以分为两类：资源相关事件和任务相关事件。

(1)资源相关事件是指用于生产任务的资源情况发生变动而产生的事件，常见的事件有以下六种。

1)机器故障；

2)操作员缺岗；

3)工具故障；

4)物料运输限制；

5)延迟到货或缺料；

6)产品质量问题。

(2)任务相关事件是指生产任务发生变动而产生的事件，常见的事件有以下六种。

1)任务加工时间；

2)紧急订单；

3)订单取消；

4)到期日期调整；

5)订单迟到或早到；

6)任务优先级改变。

2.1.4 性能指标

性能指标可以衡量系统的运行情况，用于指导调度重构的工作。常见的性能指标可以分为三类：调度效率指标、调度稳定性指标和成本指标。

在生成调度计划时，调度效率指标经常被采用，它们通常使用时间相关的参数进行表示，如任务时间跨度(Makespan)、平均延误时间(Mean Tardiness)、平均产线流时间(Mean Flow Time)、平均资源利用率(Average Resource Utilization)和最大延迟时间(Maximum Lateness)等。

在静态的、确定性的调度环境中，因为调度计划在完成后不需要更新，所以调度稳定性通常不是问题。然而，在动态的调度环境中，调度动作的稳定性是系统的重要的衡量标准，系统稳定性通常使用偏差来表示。偏差指的是调度计划(启动和结束时间)以及初始和新调度计划之间的作业操作序列的差异，即偏差有两种定义方式：①新调度计划和原调度计划的启动时间之间的偏差；②新调度计划和原调度计划中任务序列的差异。

启动时间偏差是衡量重新调度算法有效性的一个非常有用的标准，特别是在车间环境中模具和夹具是根据初始计划交付到机器时。显然，如果材料实际交付时间比计划的时间早，工作启动时间的改变可能会产生携带成本；更重要的是，如果工具和材料的实际要求时间比最初计划的时间早，则可能会产生紧急订单成本。起始时间偏差是通过将新计划与初始计划的操作结束时间差绝对值相加来度量的。这项指标包括两个部分：第一部分是延误(Delay)，用启动时间的正差值之和表示交付时间晚于计划时间的偏差大小；第二部分是拥挤(Rush)，用启动时间的负差值的绝对值之和表示交付时间早于计划时间的偏差大小。用公式可以表达为：

$$\text{deviation}_{\text{starting}} = \text{delay} + \text{rush}$$

任务序列偏差是指在中断前后，任务序列变化的程度或者数量。如果根据机器的初始操作顺序提前准备好器具和材料，则此项指标至关重要。例如，作业可能会在一个序列队列中等待托盘，工装和夹具可能会根据原来的顺序提前计划。因此，序列更改将导致重新排序队列、重新分配托盘和重新规划工具的成本。

对任一机器 k 和在机器 k 上的任一操作 j 而言，定义N_{jk}为序列中操作变动的数量：

$\boldsymbol{S}_1$ = {初始调度计划中在操作 j 之前的全部操作}

$\boldsymbol{S}_2$ = {调度重构计划中在操作 j 之后的全部操作}

$\boldsymbol{S} = \boldsymbol{S}_1 \cap \boldsymbol{S}_2$

$\boldsymbol{N}_{jk} = card(\boldsymbol{S})$

通过定义变动的操作集 S，我们可以用集合 $\boldsymbol{S}$ 的基数$\boldsymbol{N}_{jk}$表示相对于操作 j 的变动情况。基于所有的操作，我们可以定义序列偏差为：

$$\text{deviation}_{\text{sequence}} = \sum_{k} \sum_{j} N_{jk}$$

基于时间的性能指标并不能完全地反映制造系统的经济性能，对于实际管理来说，与经济性能直接相关的任务盈利率、总成本、在制品和延误成本等指标远比时间相关指标更能直接明了地显示产线的性能。因此许多研究使用成本指标来对调度决策的经济绩效进行评估，包括与最小化过早的启动时间、在制品库存和延误交付期等行为相关的成本。通常来说，这些行为成本可以分为三类：运算成本、启动成本和运输成本。运算成本包括运行调度系统的计算负担，必要的信息系统投资的非经常性成本，管理、维护和升级的经常性成本，以及计划、管理需要的人工成本。启动成本包括材料和加工机器根据计划进行分配和启动时的调度成本。运输成本是指提前交付或额外的材料搬运工作产生的成本。

2.2 车间层级重构

车间层级重构是指当任务需求已经确定时，如何在车间中进行调度以实现生产目标。根据决策和重构发生的先后顺序，可以将车间层级重构分为三种类型：预测响应式调度（Predictive-Reactive Scheduling），即先使用预测模型进行调度，然后对实时的变化进行响应，是最常用的一种排程方式；完全响应式调度（Completely Reactive Scheduling），即不提前生成调度计划，实时做出决策的调度方式，通常使用优先级调度规则（Priority Dispatching Rules）；鲁棒预响应调度（Robust Pro-active Scheduling），即将未来可能的突发情况纳入调度模型，使用缓冲或者备用资源的方式应对重构的排程，对预测的准确度依赖很高。

2.2.1 预测响应式调度

预测响应式调度是在调度重构系统中最常用的动态调度方法，它通常包括两步：第一步，提前生成一个车间性能最优化的调度计划，不考虑后续可能出现的突发事件；第二步，当发生改变原有条件的突发事件时，对原有调度计划进行修改，以保证调度计划的可行性或提升系统性能。调度重构可以频繁地发生在动态调度环境中，也可以是在随机的静态调度环境中对调度计划的单一修正。

在重新调度过程中，新的调度计划可能与原有调度计划有较大偏差，严重影响以原有调度计划为基础的其他生产活动，进而导致总体系统的效率不佳。因此，预测响应式调度的优化目标通常考虑两个指标：车间效率和调度稳定性。前者是希望车间的效率能够达到最优状况；后者考虑了新旧调度计划的偏差情况，希望整个系统的调整幅度能够保持在合理范围内，以维持系统的稳定。

在动态调度环境下，需要解决两个问题：如何响应和何时响应。第一个问题涉及对实时事件做出反应的重构策略；第二个问题涉及何时重新安排的问题。

(1)关于如何响应问题，通常有两种解决思路：排程修复(Schedule Repair)和完全重排(Schedule Regeneration)。排程修复是指对当前调度计划进行一些局部调整，好处在于运算成本低，并可以保持系统的稳定性；完全重排是指重新生成一个新的调度计划，好处在于可以取得最优的调度计划，但缺点在于运算成本高，而且大量调整可能会造成系统的不稳定以及打断车间生产的连续性，进而导致额外的生产成本。

(2)关于何时响应问题，通常可以分为三种方案：周期型、事件驱动型和混合型。

在周期型方案中，时间段可以划分为一个个滚动时间范围，当在一个滚动时间范围内进行调度时，整个调度问题可以被分解为更小的静态调度问题。调度重构是定期进行的，从车间收集可用的信息，将调度问题分解为一系列可以用经典调度算法求解的静态问题，然后执行新的调度计划，直到下一个周期。周期型重构的优点在于可以维持计划的稳定性，降低调度计划的紧张度，降低调度压力；但缺点在于响应速度慢，面对系统状态的重大变化时，周期型方案会遵循既定的时间表，不能及时地响应变化，因而生产不需要的产品，进而影响系统性能。同时，确定最佳的调度周期也是一项具有挑战性的任务。

在事件驱动型方案中，调度重构是由可以显著改变系统状态的意外事件触发的，可以在动态制造系统中反复进行，也可以在静态系统中针对单个事件来修改调度计划。事件驱动型方案通常是在无规律性的静态环境中使用，例如发生难以预知的机器故障等突发事件；在动态环境中，既可以按照新任务的到达引发，也可以在累计事件的数量超过阈值时触发。因为其对突发事件良好的响应性，大多数调度重构方法都使用这种方案；但每次发生突发事件就会创建一个新的调度计划，而且在大型设施中，随着许多事件的快速连续发生，系统可能永远处于重新调度的状态，因此具有低稳定性和高计算需求的缺点。

混合型方案是将前两者方案并行使用的方案，既会周期性地进行调度重构，又会在出现突发事件时重新调度系统。突发事件以机器故障为主，同时也包括紧急任务的到达、任务取消和任务优先级改变等。混合型方案能够将两种单独方案的优点结合起来，发挥调度重构响应性和稳定性优势。

2.2.1.1 优化算法

调度问题是一类典型的 NP 难问题，调度重构问题具有更大的难度。因此，大量的研究将其作为组合优化问题进行研究，并开发了各种优化算法来追求调度问题的最优或近最优解。

在数学优化中，调度重构问题通常被建模为混合整数规划问题，通常用分支定界方法求解。分支定界方法通过动态构造解空间的树表示，系统地探索所有可行的调度，而不是评估每个单独的解决方案，因为分支定界法可以使用估计的下界和上界来删除大量非优的候选子集。分支定界方法的优点在于它能够保证最优解。然而，由于调度重构问题具有 NP 难的性质，混合整数规划和分支定界法通常只适用于小型问题，过高的计算成本使得这类方法难以解决大规模问题。

由于很难得到调度重构问题的最优解，尤其是大规模问题，研究人员现在转向了一个更现实的目标。许多人努力开发有效的近似方法，在可承担的运算负荷内快速找到最优的(或接近最优的)解决方案，而不是刻意追求最优解决方案。近似方法的一个常见主题是如何有效地探索一个巨大的解空间，以负担得起的计算成本获得可能的最佳解。一个主要的技术问题是如何系统地搜索解空间而不陷入局部最优。优化算法在求解质量和计算效率方面相互竞争。有趣的是，没有一种算法可以完全盖过所有其他算法。虽然某个特定算法在某些问题实例上可能优于其他算法，但在其他实例上则相反。优化算法的发展确实加深了我们对调度组合性质的理解。然而，大多数研究都是基于理论问题，几乎没有得出能够有效地解决实际工业调度问题的结果。

2.2.1.2 案例：流程车间调度重构问题

该问题的一个案例是 Tighazoui 等提出的 MILP 模型，案例研究了紧急订单和订单取消两种中断类型下的流程车间调度重构问题。针对这一问题，他们为离线部分和在线部分提供了一个最优解决方案，并针对在线部分提出了迭代预测响应调度重构策略。这种方案对于现实生活中的工业系统是非常有用和重要的措施。

1. 问题介绍

该案例描述研究了在紧急订单到达和订单取消两种中断情况下，不考虑阻塞约束的流程车间重新调度问题。在这个系统中没有阻塞约束，机器之间的缓冲空间容量是无限的。因此，每台机器都将立即可用来执行一个操作，在它的前一个操作完成后，下一个作业可以进行处理。

对于每个作业 j，与其相关的是机器 m 中作业 j 的发布时间r_j、重要性权重 w_j 和处理时间 p_{jm}。当作业 j 在机器 m 上开始执行时，它将被处理到完成时间 CT_{jm}而不中断，即抢占行为是不被允许的。

在中断之前，我们假设在机器 $\boldsymbol{F}=\{1, 2, \cdots, M\}$ 的集合中，有一组 $\boldsymbol{N}=\{1, 2, \cdots, n\}$ 的作业，这些作业在 $t=0$ 时已经可以调度，应建立一个以最小化加权等待时间和 TWWT 为目标的初始调度。因此，本文建立了一个数学模型来解决这一经典的流水作业问题，这个最初的问题可以用标准符号 $F \mid r_j \mid \sum_{j=1}^{n} w_j W_j$ 来表示。在有新作业到达的情况下，将更新作业集。$\boldsymbol{N}'=\{1, 2, \cdots, n'\}$是新的作业集合，它包含已经存在的作业，以及新到达的作业。在此基础上，建立新的响应式调度。在中断时间之前已经由机器启动的工作将保持相同的位置。

案例中采用了由效率指标和稳定性指标构成的混合目标，效率指标是由每个作业的等待时间构成的，而稳定性指标是由调度重构前后的完成时间偏差构成的。

在效率指标中，等待时间定义为作业 j 在系统中等待的总时间，具体是指每台机器上开始作业之前的等待时间。因此，我们定义作业 j 的等待时间W_j 为：$W_j = CT_{jm} - r_j - \sum_{m=1}^{M} p_{jm}$ ，其中CT_{jm}是最后一台机器上作业的完成时间。因此，初始模型中的目标函数可以表达为 $\text{TWWT} = \sum_{j=1}^{n} w_j W_j$ 。

在稳定性指标中，定义 CTo_{jm}为机器 m 上作业 j 的原定完成时间，为第一次安排作业 j 的完成时间，视为与客户沟通的到期日。然而，当中断发生时，计划可能会改变，并建立一个新的调度计划。因此，作业 j 实际上在时间 CT_{jm} 内完成。因此，CTo_{jm} 与 CT_{jm} 的差值可以用来估计完成时间的偏差。此外，权重 w_j 是与每个工作 j 相关联的，目的是以更高的成本惩罚重要的工作。因此在实际系统中，将稳定性指标确定为了总加权完成时间偏差（TWCTD），表达式为 $\frac{1}{M}\sum_{j=1}^{n'-n_j}\sum_{m=1}^{M}w_j(CT_{jm}-CTo_{jm})$ 。

可以看出，稳定性指标仅与前一个调度$(n'-n_j)$中的作业有关，而与紧急订单作业 n_j 无关，其中 n_j 是紧急工作的数量。一旦新作业在第一个调度计划中被安排，它们将被后续计划中的稳定性指标所关注。在数学表达中，稳定性指标有系数 $1/M$，使其相对于效率判据归一化。

此外，为了将目标函数的两部分联系起来，模型引入了效率—稳定性系数 α，其中 α 为效率部分的权重，$(1-\alpha)$ 为稳定性部分的权重，其中 α 为 0 和 1 之间的实数。该参数对系统性能的影响主要体现在两部分的权重上，α 的值越接近 1，模型对效率越重视。根据系数 α，案例定义了同时考虑调度效率和调度稳定性的新目标函数：$\alpha\sum_{j=1}^{n'}w_jW_j+(1-\alpha)\frac{1}{M}\sum_{j=1}^{n'-n_j}\sum_{m=1}^{M}w_j(CT_{jm}-CTo_{jm})$ 。按照标准符号，本问题可以表达为：

$$F\mid r_j\mid \alpha\sum_{j=1}^{n'}w_jW_j+(1-\alpha)\frac{1}{M}\sum_{j=1}^{n'-n_j}\sum_{m=1}^{M}w_j(CT_{jm}-CTo_{jm})$$

2. 模型构建

本节将实现 MILP 模型。该模型基于前面描述的预测—反应策略。它分为两个阶段；第一个阶段是离线阶段，它给出了调度重构发生前的数学模型，在离线模型中，由于所有作业的信息已知并且没有紧急作业，因此目标函数是最小化加权后的作业等待时间；第二个阶段是在线阶段，它给出了调度重构后生成的数学模型。下面是模型中用到的变量和参数：

符号	含　　义
$\boldsymbol{N}$	原作业集 $\boldsymbol{N}=\{j=1, 2, \cdots, n\}$
$\boldsymbol{N}'$	新作业集$\boldsymbol{N}'=\{j=1, 2, \cdots, n'\}$，其中$n'=n+n_j$ 为包括紧急作业的总作业数
$\boldsymbol{K}$	机器上的原位置集 $\boldsymbol{K}=\{k=1, 2, \cdots, n\}$
$\boldsymbol{K}'$	机器上的新位置集$\boldsymbol{K}'=\{k=1, 2, \cdots, n'\}$
$\boldsymbol{F}$	机器集$\{m=1, 2, \cdots, \boldsymbol{M}\}$
p_{jm}	在机器 m 上作业 j 需要的加工时间
w_j	作业 j 的重要性权重
r_j	作业 j 的发布时间
M	用于建模限制条件的较大正数
α	效率—稳定性系数
x_{jk}	如果作业 j 被安排在了第 k 个位置，则取值为 1；否则为 0
S_{km}	机器 m 上第 k 个位置处的作业的开始时间
C_{km}	机器 m 上第 k 个位置处的作业的完成时间
CT_{jm}	作业 j 在机器 m 上的实际完成时间
W_j	作业 j 的等待时间
CTo_{jm}	作业 j 在机器 m 上的原定完成时间
n_j	紧急订单的数量

下面是第一阶段的模型：

$\min \sum_{j=1}^{n} w_j W_j$	(1)
$s.t. \sum_{k=1}^{n} x_{jk} = 1 \quad \forall j \in \boldsymbol{N}$	(2)
$\sum_{j=1}^{n} x_{jk} = 1 \quad \forall k \in \boldsymbol{K}$	(3)

续表

$C_{km} = S_{km} + \sum_{j=1}^{n} p_{jm} x_{jk} \quad \forall k \in \boldsymbol{K}, \ \forall m \in \boldsymbol{F}$	(4)
$S_{km} = C_{k(m-1)} \quad \forall k \in \boldsymbol{K}, \ \forall m \in \{2, \cdots, \boldsymbol{M}\}$	(5)
$S_{km} \geqslant C_{(k-1)m} \quad \forall k \in \{2, \cdots, n\}, \ \forall m \in \boldsymbol{F}$	(6)
$S_{km} \geqslant \sum_{j=1}^{n} r_j x_{jk} \quad \forall k \in \boldsymbol{K}, \ \forall m \in \boldsymbol{F}$	(7)
$CT_{jm} \geqslant C_{km} - M(1 - x_{jk}) \quad \forall j \in \boldsymbol{N}, \ \forall k \in \boldsymbol{K}, \ \forall m \in \boldsymbol{F}$	(8)
$CT_{jm} \leqslant C_{km} + M(1 - x_{jk}) \quad \forall j \in \boldsymbol{N}, \ \forall k \in \boldsymbol{K}, \ \forall m \in \boldsymbol{F}$	(9)
$W_j = CT_{jm} - r_j - \sum_{m=1}^{M} p_{jm} \quad \forall m \in \boldsymbol{F}$	(10)
$x_{jk} \in \{0, 1\} \quad \forall j \in \boldsymbol{N}, \ \forall k \in \boldsymbol{K}$	(11)
$S_{km}, \ C_{km}, \ CT_{jm}, \ W_j \geqslant 0 \quad \forall j \in \boldsymbol{N}, \ \forall k \in \boldsymbol{K}, \ \forall m \in \boldsymbol{F}$	(12)

在这个模型中，约束(2)指定每个作业只存在于一个位置；约束(3)指定每个位置只被一个作业占用；约束(4)规定，对于所有机器，第 k 个位置的完成时间等于第 k 个位置的开始时间加上分配的处理时间；约束(5)是使第 k 个位置的开始时间大于或等于它在前一台机器上的完成时间；约束(6)规定，对于所有机器，第 k 个位置的开始时间大于或等于前一个位置的完成时间；约束(7)规定，对于所有机器，使第 k 个位置的开始时间大于或等于其分配的发布日期；约束(8)对所有机器定义了作业 j 的完成时间，它大于或等于其指定位置的完成时间，其中 M 的值必须足够大；约束(9)是一个切约束，用于限制待搜索的解空间，以达到减少预算时间的目的，当 $x_{jk}=1$ 时，这条约束帮助系统提供了一个满足 $CT_{jm}=C_{km}$ 的可行解；约束(10)定义了作业 j 的等待时间，它取决于最后一台机器的完成时间、发布日期和处理时间；约束(11)将变量 x_{jk} 约束为二进制决策变量；约束

(12)是非负约束，规定所有决策变量大于或等于零。

第二个模型是在中断发生后的调度重构模型，首先研究发生紧急订单情况下的建模方法。新的目标函数将效率指标与稳定性度量相结合，这种组合在降低现实工业系统的实际成本方面发挥着更重要的作用。虽然一些带调度重构假设的流加工模型确定了新的调度，但它们只是基于经典的指标，因此可能忽略了一些代价。决策变量 x_{jk}，CT_{jm}，S_{km}，C_{km} 和 W_j 依然在新的模型中使用，定义 $n' = n + n_j$，新的目标函数可以写为：

$$\min \alpha \sum_{j=1}^{n'} w_j W_j + (1-\alpha)\frac{1}{M}\sum_{j=1}^{n'-n}\sum_{m=1}^{M} w_j (CT_{jm} - CTo_{jm}) \tag{13}$$

约束条件(2)–(12)依然对本模型有效，同时添加了约束(14)：

$$S_{k1} < t_d,\ x_{jk} = Xo_{jk} \quad \forall j \in \boldsymbol{N},\ \forall k \in \boldsymbol{K} \tag{14}$$

事实上，中断发生在机器执行作业时，因此使用 t_d 会记录中断发生的当前时间，所有在 t_d 之前已经在流程车间系统上开始处理的作业必须保持相同的位置直到结束。xo_{jk} 也指出了这一点，变量将作业 j 分配给原始调度中的位置 k。在第一次调度作业时，将记住 xo_{jk} 的值。因此，约束(14)规定，如果某个位置的开始时间早于 t_d，则该位置保持相同的工作。

在考虑效率指标时，在作业第一次调度时得到 CTo_{jm}。在这种情况下，作业被定位在理想的位置，并且在重新调度后不会向后移动。因此，在所有调度重构步骤中，假设：

$$CT_{jm} \geqslant CTo_{jm} \quad \forall j \in \boldsymbol{N},\ \forall m \in \boldsymbol{F} \tag{15}$$

在作业订单取消的情况下，除了约束(15)之外，我们使用了相同的公式。事实上，当一个作业被取消时，它的位置将由它的一个原定后续作业占据。因此，工作位置将向后一个作业移动。在这种情况下，我们实际上

可以得到 $CT_{jm} \leqslant CTo_{jm}$。与此同时，只有当调度计划正在执行时，作业才能被取消。因此，条件 $\max(S_{k1}) > t_d$ 也被考虑在作业订单取消的情况下。

3. 方法介绍

所采用的预测响应式调度重构方法包括预测调度阶段和响应重构阶段，两个阶段分别采取不同的策略。在预测调度阶段，策略是在所有作业信息都是可用的假设下，解决一个初始调度问题，问题的目标是最小化作业的效率指标，而 TWWT 被认为是调度效率的衡量标准，因此目标函数就是最小化 TWWT。在建立初始计划后，响应重构阶段开始，每发生一次突发事件，比如紧急订单作业或订单作业取消，调度计划都会重构更新以响应突发事件。在这个响应重构阶段，该方法不仅衡量调度效率，还通过 TWCTD 标准来衡量调度稳定性，最终使用这两个标准的组合来衡量整体的调度计划。这种策略的决策是在局部进行的，这允许在每个重新调度步骤中获得最优解决方案。

在这个案例的每个响应重构步骤中，调度计划最多会受到两个事件的干扰：紧急作业的到达和原有作业的取消。这两种情况可以同时出现，也可以单独出现。在紧急作业到达的情况下，新到达的作业将与未启动的作业集结合起来重新调度。在原有作业取消的情况下，相关的作业将从未启动的作业集中删除。

为了同时处理这两种类型的中断，引入了二元变量，用于定义中断类型。

$$\theta(t)=\begin{cases}1, & \text{发生了紧急作业事件}\\0, & \text{没有发生紧急作业事件}\end{cases}$$

$$\beta(t)=\begin{cases}1, & \text{发生了作业取消事件}\\0, & \text{没有发生作业取消事件}\end{cases}$$

在每一步中，$\theta(t)$和$\beta(t)$的状态是随机生成的。$\theta(t)=1$的含义是t时刻有一个作业到达，$\beta(t)=1$的含义是t时刻有一个作业取消。下面的算法描述了处理这两种类型中断的策略。该算法根据$\theta(t)$和$\beta(t)$的状态，一步一步地遍历时间范围，检查作业是否到达或取消。如果其中一个变量的状态等于1，这意味着发生了中断。因此，算法更新作业集(LIST)并重新调度新作业集。如果一个作业被取消的同时，另一个作业到达，该方法将优先解决作业取消问题。然后，在不增加时间的情况下，添加新任务并解决紧急作业问题。

算法1　两种中断问题的解决算法

开始

第1步：解决初始的离线问题。

第2步：获得作业集 LIST=$\{j_1, \cdots, j_n\}$，令$t=1$。

第3步：储存目前的解。

第4步：如果$\beta(t)=1$，则从LIST集中取消相关的作业，并基于目标和约束(1)~(12)解决新的在线问题；如果$\theta(t)=1$，则将新的作业加入LIST集，基于目标和约束(2)~(16)解决新的在线问题。令$t=t+1$，返回到第3步。

2.2.1.3　启发式方法

启发式方法通常指的是一种寻求最优解但不保证能找到最优解的过程，即使最优解存在，启发式方法也有可能停留在第一个局部最优解而错失找到全局最优解的机会。

在这种情况下，启发式是针对问题的计划修复方法，它不保证找到最优调度计划，但可以在合理时间范围内找到合理的好方案。最常见的排程修复启发式方法有：右移计划修复、局部计划修复、匹配计划修复和替代机器重分配。

(1)右移计划修复方法是将调度计划的剩余操作按照受影响的停机时间整体向后转移，通过延迟后续调度计划来解决目前的突发事件。在图形表示中，其效果是将每个任务的剩余操作时间在调度时间表上向后移动。由于这是通过给当前调度的每个操作添加一个固定的时间增量来完成的，所以右移计划修复方法的复杂度显然是多项式的，因为计算量只涉及对剩余的每个操作添加一个时间增量。

(2)局部计划修复方法只对受突发事件的直接或间接影响的操作进行重新安排，这种方法尽可能地保留了最初的计划，倾向于在不紧张的情况下保持计划的稳定性，从而既减少总加工时间，又最小化与初始计划的偏差，达到同时兼顾调度效率指标和调度稳定性指标的目标。

(3)匹配计划修复方法是在未来的某个时间点重新安排与预先调度的匹配计划。当突发事件发生时，我们试图在一个成本阈值 EPS 内匹配预定计划。算法步骤如下。

算法　匹配预定计划算法

第 0 步：每个受影响的机器上，设置最小的匹配启动时间 t_1，定义匹配点 $t=t_1$。来到第 1 步。

第 1 步：在每个受影响的机器上，在时间节点 t 前重新对所有任务进行排序，并计算此时的目标成本值 COST。如果 COST<EPS，则停止算法；否则来到第 2 步。

第 2 步：定义 $\mathrm{d}t$ 是一个小的时间增量，令 $t=t+\mathrm{d}t$。如果 t 超过时间上限 $t_{\max}$，即 $t>t_{\max}$，则来到第 3 步；否则回到第 1 步。

第3步：扩展要重新调度的机器集，以包括与当前受影响的机器集共享任务兼容性的所有机器。在这些机器上重新分配任务。如果机器集可以扩展，来到第1步；否则停止算法。

（4）替代机器重分配方法是将受影响的任务重新分配到替代机器上，属于排程修复的一种。在替代机器上进行选择时，该方法使用动态瓶颈法（Bottleneck Dynamics，BD）来动态调整任务的优先级，具体操作是计算该任务的紧急度（推迟该操作的成本）并惩罚在瓶颈机器上长时间使用资源的成本（资源成本），并据此计算收益-成本率。BD方法使用该比率作为动态调度任务的优先级参考。

在时间 t 处，任务 i 在机器 j 上的紧急度 $SS_{ij}(t)$ 可以表示为：

$$SS_{ij}(t) = d_i + \sum_{q=j+1}^{m_i} (W_{iq} + p_{iq}) - p_{ij} - t$$

其中 W_{iq} 是任务 i 的操作 q 预计的等待时间，为计算简便，通常可以使用 $W_{iq}=bp_{iq}$ 来估计，其中 b 是固定系数。

利用指数加权函数可以得到紧急度因子，表示该操作在整体中的相对权重：

$$U_{ij}(t) = \exp\left(-\frac{(SS_{ij}(t))^+}{K \cdot p_{avg}}\right)$$

其中 K 是一个类似 b 的固定系数，p_{avg} 是所有操作的平均加工时间。

BD优先级就可以使用紧急度和资源利用成本的比值表示：

$$BD_{ij}(t) = \frac{w_i U_{ij}(t)}{\sum_{q=j}^{m_i} R \cdot k(q)(t) p_{iq}}$$

其中 $k(q)$ 是操作 q 所在的机器，$R \cdot k(q)$ 是机器 $k(q)$ 使用的资源成本。通过研究发现，重分配方法具有显著降低任务延迟的效果，而且在完全重分配(所有任务的操作均重新分配)、排队重分配(仅受影响的队列中的操作重新分配)和新任务重分配(对新到达的任务重新分配)等三种具体分配方式中，完全重分配方式效果最好，但对排队容量有较高要求；新任务重分配适用于机器经常发生故障的情况，或库存容量不满足完全重分配的情况。

2.2.1.4 元启发式方法

元启发式是启发式解决困难问题的一般框架，“元”概念指的是层级。元启发式克服了简单启发式会停留在第一个局部最优解的缺陷，克服的办法可以被分为两类：一类是使用特殊规则在最优解的邻域中执行搜索，以避免陷入局部最优；另一类是执行固定次数的连续搜索，避免因局部最优解而停止搜索。

元启发式方法已经被证明可以用于解决生产调度问题，并在运算效率和运算规模上具备显著的优势。元启发式方法是通过引导局部搜索启发式摆脱局部最优的高级启发式。局部搜索方法是一种基于邻域搜索思想的搜索方法，搜索从某个给定的解开始，并尝试在当前解的适当邻域中使用移动算子迭代移动得到更好的解；当在当前解附近找不到更好的解时，搜索过程就会停止，当前解就是局部最优解。以模拟退火、遗传算法和禁忌搜索为代表的元启发式方法则通过接受较差的解，或提供比随机生成方法更优的初始解来改进局部搜索，以避免落入局部最优的陷阱，这就是更加智能的元启发式方法。不同的元启发式方法主要是在初始解的生成方法、局部解的保留方式、邻域搜索的方式和最优解的停止方式四个方面有所区别。

禁忌搜索、模拟退火和遗传算法被广泛应用于求解静态确定性生产调度问题，包括作业车间、开放式车间、流水车间、柔性制造系统和批量生产等多个领域，但在动态随机性生产调度问题中研究较少。

元启发式方法有很多分类方法，不同的分类方法体现了不同的思路：仿自然启发(如遗传算法、蚁群算法)和非自然启发(如禁忌搜索)；基于集群的搜索方法(如遗传算法)和基于个体的搜索方法(也称为轨迹方法，如禁忌搜索)；动态目标(如引导局部搜索)和静态目标；使用内存与无内存方法。元启发式方法的分类如表2-2所示，其中“A”表示自适应记忆属性，“M”表示无记忆属性，“N”表示采用特殊邻域，“S”表示随机抽样，“1”表示基于迭代的方法，“P”表示基于集群的方法。

表 2-2　调度重构框架

元启发式方法	分类
禁忌搜索	A/N/1-P
模拟退火	M/S-N/1
遗传算法	M/S-N/P
蚁群算法	M/S-N/P
粒子群算法	M/S-N/P

几乎所有的元启发式过程都需要解的表达方式、代价函数、邻域函数和探索邻域的有效方法。

1. 禁忌搜索

禁忌搜索算法(Tabu Search，TS)是由美国科罗拉多州大学的 Fred Glover 教授在 1986 年左右提出来的，TS 的禁忌策略尽量避免迂回搜索，它是一种确定性的跳出局部最优的搜寻策略。TS 是人工智能和优化领域都可以使用的概念，TS 是一种自适应过程，具有兼容其他方法的能力，如线性规划方法和专门的启发式方法。替代约束方法、切割平面法和最速上升法是 TS 改进的重要里程碑。TS 应用限制来引导到不同的区域进行搜索，这些限制与具备一定智能的记忆结构有关。

为了满足算法智能的需要，禁忌搜索有两个重要概念：自适应记忆和响应式探索。例如，在爬山时，一个人会记住(自适应记忆)他走过的路径的属性，并在到达顶峰或下降的途中做出战略选择(响应式探索)。自适应记忆可以使用储存记忆来跟踪以前访问过的路径，以防止再次访问该路径；TS 方法具有与其他搜索设计不同的记忆特性，不同于分支定界法的刚性记忆，TS 方法通过四个维度来衡量记忆的特性的自适应记忆，包括质量、时期、频率和影响，基于记忆的策略也是 TS 方法的标志；同时响应式探索可以增大探索的广度和效度，因为一个糟糕的战略决策可能比一个好的随机决策提供更多的信息，从而提出高质量的解决方案。

最大化问题的基本禁忌搜索算法框架如下：

算法　禁忌搜索

第 1 步：禁忌列表 $T:=[\quad]$，$s=$初始解；$s^*:=s$。

第 2 步：在 s 的邻域内寻找不受禁忌的最优解 s'。

第 3 步：如果 $f(s')>f(s^*)$，则 $s=s'$。

第 4 步：更新禁忌列表 T，返回到第 2 步。

2. 模拟退火

模拟退火(Simulated Annealing，SA)的灵感来自冶金学科或固体物理中的退火过程。退火是固体在热处理过程中获得低能态的过程，当固体的温度很高的时候，内能比较大，固体的内部粒子处于快速无序运动；在温度慢慢降低的过程中，固体的内能减小，粒子的运动慢慢趋于有序；最终，当固体处于常温时，内能达到最小，此时，粒子最为稳定。

SA 是一种随机化算法，通过给退火移动分配相应的概率，避免陷入局部最优解，是解决 TSP 问题的有效方法之一，在调度问题中也有广泛应用。SA 首先设置一个较高的阈值(初始温度)，在每次生成新路径后，将新旧路径的差值与阈值进行比较，如果差值小于阈值，则接受新解；通过不断降低阈值，使接受新路径的条件变得苛刻，直至最后收敛到一个解。当阈值较高的时候，算法可以探索解空间的各个部分；当阈值较低时，算法可以引导搜索到较好的解值。在每次迭代中重新定义阈值，以实现多样化和集约化。

SA 使用阈值作为一个随机变量，也就是说，SA 使用阈值的期望值。在最大化问题中，解的接受概率定义为：

$$IPs' = \begin{cases} 1 & f(s') \geqslant f(s) \\ \exp\left(\dfrac{f(s')-f(s)}{c_k}\right) & f(s') < f(s) \end{cases}$$

其中 c_k 是基于温度得到的阈值期望值。最大化问题的模拟退火算法框架如下：

算法　模拟退火

第 1 步：$s := $ 初始解；$k := 1$。

第 2 步：在 s 的邻域内生成 s'。

第 3 步：如果 $f(s') > f(s)$，则 $s := s'$；否则，如果 $\exp\left(\dfrac{f(s')-f(s)}{c_k}\right)$ 大于[0，1)的随机数，则 $s := s'$。

第 4 步：$k := k+1$，返回第 2 步。

在 SA 中，降温方案是非常重要的，温度值(c_k)是根据降温计划指定的。通常，降温计划的温度在降低之前会在若干次迭代中保持恒定。

3. 蚁群算法

蚁群算法(Ant Colony Optimization，ACO)是一种智能优化算法，在旅行商问题上得到广泛应用，在问题结构类似的生产调度问题上也有广阔的应用空间。蚁群算法由 Marco Dorigo 在 1991 年提出，是一种仿生学算法，借鉴了自然界中蚂蚁觅食的行为。在自然界的蚂蚁觅食过程中，总能找到从蚁巢到食物的最优路径。由于蚂蚁没有视力，所以在寻找食物时蚁群利用集群的力量，蚂蚁会在经过的路径上释放一种信息素，并能够感知其他蚂蚁释放的信息素。信息素的浓度会随着时间推移而逐渐衰减，通过比较信息素的浓度，蚂蚁可以判断出路程的远近——信息素浓度越高，则表示对应的路径距离越近。通常，蚂蚁会以较大的概率优先选择信息素浓度高的路径，并且释放一定的信息素，使该条路径上的信息素浓度增高，进而使蚂蚁能够找到一条巢穴到食物源最近的路径。

蚁群算法主要有三个特点，全部是由大量蚂蚁的集体行为赋予的。第一点是正反馈，这是基于大量信息素的汇集和感知来实现的。某条路径上走过的蚂蚁越多，信息素就越浓，进而吸引更多的蚂蚁选择该路径并发现最优的解。第二点是负反馈，这是基于信息素的发挥来实现的。由于信息素浓度具有随时间降低的性质，从而避免某些路径上的信息素过多，使算法早熟，陷入局部最优解。第三点是并行运算，因为蚂蚁相对于蚁群是自由的个体，因此在蚂蚁的搜索过程彼此独立，仅通过信息素进行通信。

蚁群算法的一般形式如下：

算法　蚁群算法的一般形式

第 1 步：初始化参数。

第 2 步：构建解空间。

第 3 步：每只蚂蚁选择下一个节点，构建新的解空间。

第 4 步：更新信息素水平；返回到第 3 步，直到满足停止条件。

从蚁群算法的一般形式可以看出，在循环的每一轮中都会生成新的解空间，并按照新的解空间和迭代次数更新信息素水平并采取行动。当达到终止条件时，过程结束。一般形式可以根据问题的需要进行修改，下面介绍旅行商问题的应用过程。定义 m 为蚁群中蚂蚁的数量，j_i^k 是已经到访过的城市。

算法蚁群算法

第 1 步：$t=1$；对于迭代 $t=1, \cdots, t_{max}$。

第 2 步：随机选择一个城市。

第 3 步：对于每一个未到访的城市 i，根据概率公式(1)选择一个城市 j。

第 4 步：将城市 j 作为城市 i 到访的上一个城市，将 j 放入 J_i^k；返回第 3 步，直到没有未到访的城市。

第 5 步：根据公式(2)在路径 $T^k(t)$ 上添加一个信息素 $\Delta\tau_{ij}^k$。

第 6 步：将信息素蒸发，根据公式(3)降低浓度；$t:=t+1$，返回第 1 步。

选择概率公式(1)：

$$p_{ij}^{k(t)}=\begin{cases}\dfrac{(\tau_{\{ij\}(t)})^{\alpha}\ (n_{\{ij\}})^{\beta}}{\sum_{t\in j_i^k}(\tau_{\{ij\}(t)})^{\delta}\ (n_{\{ij\}})^{\beta}} & j\in J_i^k\\ 0 & \end{cases}$$

其中n_{ij}是从城市 i 到城市 j 的可及性；τ_{ij}是从城市 i 到城市 j 的强度；α 和 β 是控制τ_{ij}和n_{ij}的参数。

公式(2)：

$$\Delta\tau_{ij}^k=\begin{cases}\dfrac{Q}{L^{k(t)}} & (i, j)\in \boldsymbol{t}^{k(t)}\\ 0 & (i, j)\notin \boldsymbol{t}^{k(t)}\end{cases}$$

公式(3)：

$$\tau_{ij}(t+1)=(1-\rho)\tau_{ij}(t)+\Delta\tau_{ij}(t)$$

其中 ρ 是蒸发系数，控制蒸发速度。

4. 粒子群算法

粒子群算法(Particle Swarm Optimization，PSO)是一种仿生学算法，是受到了鸟群、鱼群的觅食行为的启发，进而利用集群思想建立的一个简化模型。粒子群算法在对动物集群行为观察的基础上，利用群体中的个体对信息的共享，使整个群体的运动在解空间中从无序到有序的演化过程，从而获得最优解。其概念简单、易于编程实现，并且具有运行效率高、参数相对较少的优点，应用非常广泛。

在粒子群算法中，有两个关键定义：位置和速度，分别使用 $x_{i(t)}$ 和 $v_{i(t)}$ 来表示。每一个粒子的位置代表了待求问题的一个候选解，该位置在空间里的好坏由候选解在问题中的适应度决定。每一个粒子在下一次迭代的位置与此时的位置以及自身的矢量速度有关，其速度决定了粒子每次移动的方向和距离，两者之间的关系可以用下面等式表达：

$$x_{i(t)}=x_{i(t-1)}+v_{i(t-1)}$$

在移动过程中，粒子会记录下自己到过的最优位置 p_i，群体也会更新群体到过的最优位置 p_g。粒子的移动速度由粒子的当前位置和速度、粒子自身所到过的最优位置以及群体所到过的最优位置共同决定，速度的更新公式可以用下面等式表达：

$$v_i(t)=v_i(t-1)+\Phi_1[p_i-x_i(t-1)]+\Phi_2[p_g-x_i(t-1)]$$

其中 Φ_1 和 Φ_2 是随机选择的参数，分别表示个体经验和公共交流对速度的影响。

因此每次迭代中的粒子的状态都可以由上一次迭代的信息得到：

$$x_i(t)=f[x_i(t),\ v_i(t-1),\ p_i,\ p_g]$$

```
开始
    对于每个粒子 i=1，…，n
        如果 F(x_i)>F(p_i)，则
            对于 d=1，…，D
                p_id=k_id；
        结束循环；
        g:=i；
        对于每一个邻居 j
            如果 F(x_j)>F(p_g)，则
                g=j；
        对于 d=1，…，D
            v_id(t)=v_id(t-1)+Φ_1[p_id-x_id(t-1)]+Φ_2[p_gd-x_id(t-1)]；
            v_id ∈ (-v_max，+v_max)；
            v_id(t)=x_id(t-1)+v_id(t)；
        结束循环；
    结束循环；
结束；
```

PSO 算法可以在多个维度上使用，也可以应用于现实生活中的许多问题，如 TSP 问题、车辆路径问题、流水车间调度问题等。同时，它也常用于人工神经网络的训练。

5. 遗传算法

遗传算法(Genetic Algorithms，GA)最早是由美国的 John Holland 和他的合作者于 20 世纪 70 年代提出的，该算法是根据达尔文生物进化论的自然选择和遗传学机理的生物进化过程而设计提出的。算法是从一组初始可行解(随机生成或使用一些启发式生成)开始，称为初始种群。群体中的每一个个体都被称为染色体，它代表着问题的解决方案。组成染色体一系列的元素叫作基因，基因代表着解决方案中的细节。遗传算法是一种基于群体的启发式算法，它模仿生物系统为困难问题找到合理的解决方案，比较容易实现并行化计算，原理简单，功效强大。在遗传算法中，需要对问题进行合适的编码，使抽象表示的染色体与实际问题中的解决方案一一对应。同时建立表示度量值的适应度函数，用于衡量每条染色体的质量。

遗传算法主要包括交叉变换和基因变异两个动作。繁殖工具使用交叉操作符选择亲本以生成后代染色体，遗传算法首先随机生成一个群体，在群体中依据不同的适应度择优选择父母个体，利用交叉变换的方式生成子代，并以精英机制将优良个体的基因信息复制到新的群体中，并在新的染色体中流传下去；为保证基因的多样性，对个体进行变异操作，通过随机方向的变异生成新的解。在生成新一代染色体后，根据它们的适应度值对染色体进行评估。重复此过程，直到满足终止条件为止。

遗传算法的核心是选择合适的“适应度函数”进行定量研究，这个函数的性质将直接决定结果的走向。严苛的适应度函数将大大加速群体的收敛速度，优势个体的基因将会被极大地保留，但此时由于缺乏多样性而容易陷入局部最优；宽松的适应度函数将保留更多样化的基因库，但缺乏筛选作用将延缓优势特征的流传，降低了群体的收敛速度。适应度函数需要依据模型而变，没有固定的标准，需要根据实际问题设定和调整。

最小化问题的遗传算法框架，第一步是确定初始种群 p_0；接下来利用适应度函数，对解的初始种群进行改进；然后，算法进入一个循环，在这个循环中进行交叉和变异操作，直到群体的表现满足停止条件，或者执行的迭代达到了预设的固定数量。

算法　遗传算法

第 1 步：$p_0 := N$ 个初始解的集合。

第 2 步：对初始解 $s \in p_0$ 进行变异改进。

第 3 步：令 $t=0$。

第 4 步：在 p_{t-1} 中择优选择一部分个体组成 p_t。

第 5 步：通过繁殖生成子代，将 p_t 数量扩充。

第 6 步：对 $s \in p_t$ 进行改进；$t := t+1$；返回第 4 步。

2.2.1.5　案例：预测响应式调度的遗传算法

在传统的静态作业车间调度中，作业到达、机器故障、加工时间变化等随机动态事件被忽略掉，但这些在真实生产环境中是不可避免的。由于本次调度重构中存在初步调度和实时响应两个阶段，因此属于车间级别重构中的预测响应式调度。本案例将提供优化算法和启发式算法两种方案，由于动态作业调度是 NP 难问题，所以优化算法更多的是提供对系统性质的研究和探索，而启发式算法将在本案例中发挥主要的求解功能。

1. 问题介绍

动态作业车间调度重构问题是一个组合优化问题，本案例考虑在调度开始时安排 n 个作业，在调度开始后处理一组 n' 个新作业的紧急任务，任务的加工时间服从一定的分布规律，同时机器有发生故障的隐患。本案例的目的是，在随机事件的背景下，通过合理规划减少完成任务所需的时间，提高效率及其利用率，从而提升组织的盈利能力。

2. 案例假设及符号定义

本案例服从以下基本假设：

(1) 每台机器一次只能对任何作业执行一项操作。

(2)一个作业的一次操作只能由一台机器执行。

(3)所有机器在起始阶段都可用。

(4)一旦某一操作在机器上进行了操作，它就不能中断，除非发生机器故障。如果一个操作因机器故障而中断，剩余的处理时间等于总处理时间减去完成的处理时间。

(5)作业的一个操作必须在其前面的操作完成后才能执行。

(6)操作处理时间和可操作的机器数量是预先知道的，但操作加工时间会有变化。

下列符号用于问题的表述：

符号	含　　义
j	原任务(j=1，2，…，n)
j'	紧急任务(j'=1，2，…，n')
i	机器(i=1，2，…，m)
p_{ij}	操作(i，j)需要的加工时间
$p_{ij'}$	操作(i，j')需要的加工时间
$\boldsymbol{A}$	所有路由约束的集合(i，j)→(h，j)
$\boldsymbol{A}'$	考虑紧急任务后的所有路由约束的集合(i，j')→(h，j')
rp	重构周期的开始时间
tm_i	在调度重构期间，机器 i 将空闲的时间
z_{ijk}	在原调度中，如果在机器 M_i 上，任务 j 的操作先于任务 k 的操作，则取值为 1；否则为 0
$z_{ij'k}$	在重构调度中，如果在机器 M_i 上，任务 j'的操作先于任务 k 的操作，则取值为 1；否则为 0
t_{ij}	如果在调度重构后，任务 j 在机器 M_i 上的操作时间提前了，则取值为 1，否则为 0

续表

符号	含　　义
$t_{ij'}$	如果在调度重构后，任务 j' 在机器 M_i 上的操作时间提前了，则取值为1，否则为0
c_{ij}	任务 j 在机器 M_i 上的完成时间
$c'_{ij'}$	任务 j' 在机器 M_i 上的完成时间
y_{ij}	操作 (i, j) 的开始时间
$y'_{ij'}$	操作 (i, j') 的开始时间

3. 模型介绍

$\min C_{\max}$	(1)
$s.t.\ C_{\max} \geq c_{ij} \quad i=1, 2, \cdots, m; j=1, 2, \cdots, n$	(2)
$C_{\max} \geq c'_{ij'} \quad i=1, 2, \cdots, m; j'=1, 2, \cdots, n'$	(3)
$c_{ij}=y_{ij}+p_{ij} \quad i=1, 2, \cdots, m; j=1, 2, \cdots, n$	(4)
$c'_{ij'}=y'_{ij'}+p'_{ij'} \quad i=1, 2, \cdots, m; j'=1, 2, \cdots, n'$	(5)
$y_{hj}-y_{ij} \geq p_{ij} \quad \forall (i, j) \rightarrow (h, j) \in \boldsymbol{A}$	(6)
$y'_{hj'}-y'_{ij'} \geq p'_{ij'} \quad \forall (i, j') \rightarrow (h, j') \in \boldsymbol{A}'$	(7)
$Mz_{ijk}+(y_{ij}-y_{ik}) \geq p_{ik} \quad i=1, 2, \cdots, m; 1 \leq j \leq k \leq n$	(8)
$Mz_{ij'k}+(y'_{ij'}-y'_{ik}) \geq p'_{ik} \quad i=1, 2, \cdots, m; 1 \leq j' \leq k \leq n$	(9)
$M(1-z_{ijk})+(y_{ik}-y_{ij}) \geq p_{ij} \quad i=1, 2, \cdots, m; 1 \leq j \leq k \leq n$	(10)
$M(1-z_{ij'k})+(y'_{ik}-y'_{ij'}) \geq p'_{ik} \quad i=1, 2, \cdots, m; 1 \leq j' \leq k \leq n$	(11)
$y_{ij} \geq (tm_i+rp)t_{ij} \quad i=1, 2, \cdots, m; j=1, 2, \cdots, n$	(12)

续表

$y'_{ij'} \geq (t\,m_i + rp)\,t_{ij'}$　　$i=1, 2, \cdots, m$; $j'=1, 2, \cdots, n'$	(13)
$y_{ij} \geq 0$　　$i=1, 2, \cdots, m$; $j=1, 2, \cdots, n$	(14)
$y'_{ij'} \geq 0$　　$i=1, 2, \cdots, m$; $j'=1, 2, \cdots, n'$	(15)
$z_{ijk}=0$ 或 1　　$i=1, 2, \cdots, m$; $j=1, 2, \cdots, n$	(16)
$z_{ij'k}=0$ 或 1　　$i=1, 2, \cdots, m$; $j'=1, 2, \cdots, n'$	(17)
$t_{ij}=0$ 或 1　　$i=1, 2, \cdots, m$; $j=1, 2, \cdots, n$	(18)
$t_{ij'}=0$ 或 1　　$i=1, 2, \cdots, m$; $j'=1, 2, \cdots, n'$	(19)

在这个模型中，目标函数(1)使最大完成时间 C_{max} 最小；约束(2)和(3)确保 C_{max} 大于或等于所有机器上所有作业的完成时间；每个操作的完成时间根据约束(4)和(5)计算；约束(6)和(7)为加工优先约束，每个操作均需要在执行完其优先操作后执行；约束(8)～(11)满足一台机器在任何时候只能处理一个作业的要求，因为 z_{ijk} 是一个 0-1 整数，加上 M(一个足够大的正数)可以消除相关的约束；约束(12)和(13)强制调度重构周期内的操作在重构时间之后启动，每个操作都可以在相关机器空闲时进行操作；变量的取值范围分别在约束(14)～(19)中指定。

4. 方法介绍

本节的重点是开发混合遗传算法来解决前一节中的动态作业车间调度问题。由于很少有研究论文针对这些问题提出启发式方法，因此仍有可能开发出智能化的解决方案。我们基于预测响应式的问题类型，使用遗传算法 GAM 的方式解决问题，以获得快速和有效的解决方案，特别是对大型问题。

GAM 算法是将 KK 启发式和遗传算法结合起来构造的。由于本节所考虑的作业调度问题是动态的，每当发生动态事件(机器故障、新作业到达和处理时间的变化)时，GAM 算法的步骤都会被重复。

(1)染色体结构。染色体由基因组成，每个基因的值确定了相关机器中工作的操作顺序。在本问题中，不同的区域代表着不同的机器，在同一区域内同一种基因是不重复出现的，基因处在区域内的位置代表着作业的加工顺序。在图 2-1 中可以看到 5 个工作和 4 个机器的染色体结构示例。

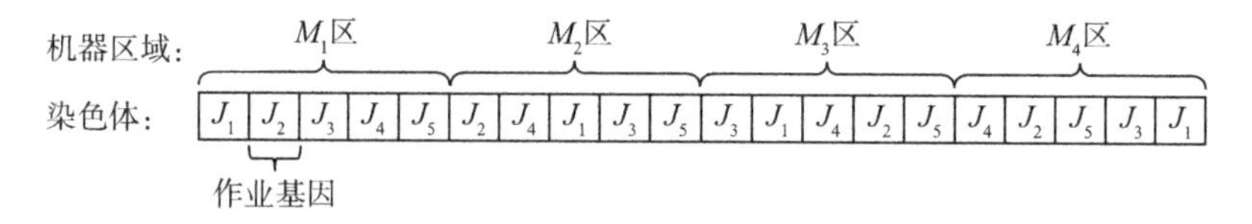

图 2-1　染色体结构示例

(2)生成初始种群。与典型的遗传算法不同，初始解首先使用 KK 启发式+交换生成一部分初始种群，保证初始解的先进性，加快探索过程和收敛速度，其余的种群是随机产生的，保证初始解的多样性，增强探索的广度。

KK 启发式是基于最长处理时间优先的规则进行启发式排布的，具体的步骤总结如下：

步骤 1：将作业的第一个操作分配给相关的机器。如果最初分配给一台机器的操作超过一个，则优先分配处理时间较长的操作；如果操作的处理时间相等，则随机分配其中一个操作。

步骤 2：分配作业的下一步操作。如果要以相同的顺序将多个操作分配给一台机器，则分配前一个作业最早完成的操作；如果这些操作的作业前任是同时完成的，则随机分配其中一个。

步骤 3：重复步骤 2，直到所有操作都分配完毕。

根据 KK 启发式生成的种群具备完全响应式调度基础的调度精益性，

其生成的种群相较于随机产生的种群具有明显的优势。

(3)适应度函数。在每一代中，群体中的所有染色体都使用适应度函数进行评估。适合度较好的染色体被纳入交配池，以形成新的后代。因此，选择适合度值更好的染色体可以使遗传算法在更短的时间内得到解决方案。本案例使用最大完成时间作为适应度函数，以适应度值最小的染色体作为当前最佳方案。

(4)交配池和选择。交配池对遗传性能非常重要，它决定了从群体中选择的亲本染色体。交配池是为了产生新的后代染色体，通过从当前一代中选择一些性能最好的染色体而生成的染色体池。

在本节中，采用了一种称为联赛选择的适应度选择技术，基本方式是从当前种群中随机选择一定数量的个体(放回或不放回)，将其中适应值最大的个体放入配对池中。反复执行这一过程，直到配对池中的个体数量达到设定的值。联赛规模用 σ 表示，也称为 σ-联赛选择，联赛规模一般取 $\sigma=2$。联赛选择与个体的适应度有间接关系。联赛的选择概率容易控制，在实际计算中常常应用到，适用于在遗传算法中动态调整选择概率，将进化效果与群体选择压力联系起来。

研究表明，当群体规模比较大时，联赛选择与排序选择的个体选择概率基本相同。

(5)交叉运算。文献中有多种交叉运算方式，这些方式是用于创建具有最佳适应度值的子染色体。本节采用基于位置的交叉方式作为交叉运算，用这个运算符从第一个父染色体上随机选择一组基因。然后，将这组选定的基因直接复制到孩子身上，就产生了后代染色体，其他基因按照母染色体上从左到右的相同顺序复制给后代(见图 2-2)。

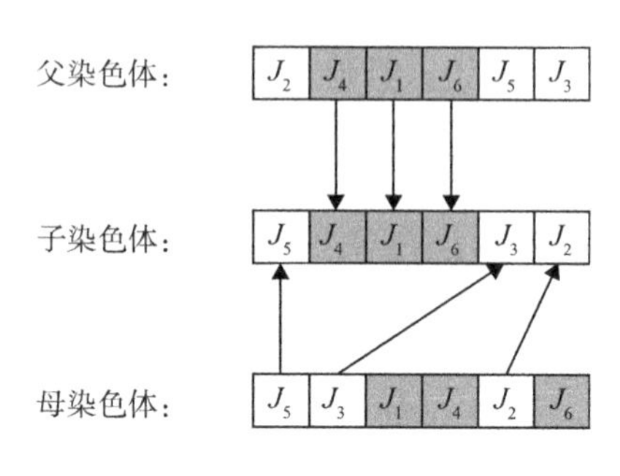

图 2-2 交叉运算

(6)变异运算。变异是一个重要的遗传算法运算，它允许算法在搜索过程中进入解空间的不同部分。因此，在这个运算的帮助下，可以跳出局部最优解，有更大的机会找到全局最优解。该方法包括交换、反转、左旋和右旋操作符。影响突变运算性能的另一个重要部分是突变率策略的定义。对于遗传算法应用，使用固定突变率策略是非常常见的，在此基础上有很多变化，比如指数降低突变率的策略也被集成到所提出的遗传算法中(见图 2-3)。

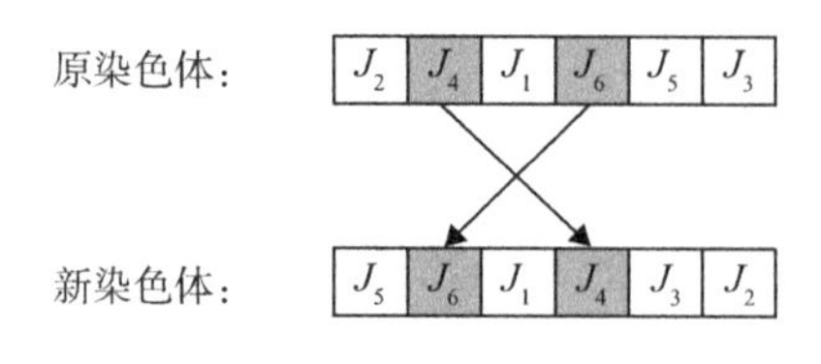

图 2-3 变异运算

(7)修复策略。在初始解或者使用交叉、突变等遗传运算后的染色体中，会有一部分对应着不可行解的染色体。在动态作业车间中，当优先约束不满足时，存在一个不可行的解。在生成不可行的染色体后，采用修复策略来保证所有解的可行性。

(8)终止条件。在终止遗传算法迭代时，同时考虑了计算时间和适应度值的收敛性。如果在给定次数的连续迭代中，当前种群的平均适应度值和最佳适应度值都等于下一代的相应值，则搜索过程结束。除此以外，还可以通过限制算法的运行时间、迭代次数等硬性指标来限制计算工作量，以达到终止算法的目的。

2.2.2 完全响应式调度

大多数实际调度问题很难通过优化算法来解决，因为它们与理论调度问题有很大的不同。在工业实践中，一些粗糙的启发式方法，如调度规则，比优雅的数学公式和复杂的算法使用得更多。完全响应式调度就是这样一类调度方法，不会提前生成确定的调度计划，而是根据一定的规则，在局部实时地做出决策。

完全响应式调度在实际生产中有丰富的应用场景。由于规则简单，完全响应式调度具有快速、直观的优点，而且易于实现，但与全局调度相比，牺牲了进一步提升车间性能的潜力。由于完全响应式调度没有确定的调度计划，所以在面对突发事件时具有灵活性和适应性，可以使车间在不中断生产的条件下对突发事件做出响应，因此通常不会发生生产过程的严重事故。在需要调度任务和机器时，完全响应式调度方法结合此时可用的信息，在空闲机器上选择优先级最高的任务来调度工作，任务的优先级是根据任务和机器属性确定的。

优先级调度规则是完全响应式调度中最常使用的方法，可以使用固定的调度规则或者其他启发式方法对等待的任务进行优先级排序。

采用调度规则控制生产时，不需要制订生产计划。当一台机器可用时，它会使用调度规则从其队列中的任务中进行选择，该调度规则根据某些标准对作业进行排序。常见的调度规则使用加工时间和到期时间来完成简单规则和复杂组合，简单规则包括最短加工时间规则和最早到期时间规则等，使用简单规则时计算工作量相对较低；然而使用复杂组合的调度规则时则需要大量的信息，每次调度决策都需要重新计算任务优先级。

但由于采取这种短视行为，调度规则不能保证系统将在一个良好的性能水平上运行，同时缺乏固定调度计划的问题导致难以预测系统性能，给其他工作的调度和规划造成了困难。

调度规则可以分为五种类型，包括简单调度规则、简单规则的组合、加权优先级指标、启发式调度规则和其他规则。

2.2.2.1 简单调度规则

通常是基于与特定工作相关的信息，如到期时间、加工时间、启动时间、到达时间、松弛时间(基于加工时间和到期时间)和剩余操作数量等，但不依赖于特定任务相关信息的随机选择等规则也被认为是简单调度规则中的一种。在某些情况下，诸如任务下一步所在机器的队列长度等信息被认为足够简单，因此部分简单调度规则也将此类信息纳入决策依据中。常见的简单调度规则如下：

(1)SPT(Shortest Processing Time)：优选选择加工时间最短的任务。

(2)LPT(Largest Processing Time)：优先选择加工时间最长的任务。

(3)SRT(Shortest Remaining Processing Time)：优先选择剩余加工时间最短的任务，是 SPT 的动态应用。

(4)LRT(Largest Remaining Processing Time)：优先选择剩余加工时间最长的任务。

(5)EDD(Earliest Due Date)：优先选择到期时间最早的任务。

(6)FOPNR(Fewest Operation Number Remaining)：优先选择剩余工序数最少的任务。

(7)MOPNR(Most Operation Number Remaining)：优先选择剩余工序数最多的任务。

(8)Value：优先选择价值最高的任务。

(9)1/C：优先选择延误惩罚成本最高的任务。

(10)NSUT(No Setup Time)：优先选择没有启动时间的任务。

(11)MINSEQ：优先选择启动时间最短的任务。

(12)FIFO(First In，First Out)：优先选择到达时间早的任务。

(13)Random：随机选择任务。

(14)LIFO(Last In，First Out)：优先选择到达时间晚的任务。

(15)S1：优先选择空闲时间最少的任务。

(16)JSR(Least Job Slack Ratio)：优先选择作业闲置比最小的任务。作业闲置比是指任务空闲时间与到期日前可用总时间的比值。

2.2.2.2 简单规则的组合

一个队列中的多项任务被分进两个或多个优先级组，不同的组采用不同的规则，组合起来进行调度。在许多情况下，两个规则适用于不同情况下的同一个队列。优势在于可以在不同组别之间使用不同的调度规则，具有更强的灵活性和适应性。常见的简单规则组合如下。

(1)FIFO&SPT：根据等待时间进行分组，当任务等待时间超过提前设置好的阈值时，使用 FIFO 规则调度；否则使用 SPT 规则调度。

(2)Value($)&FIFO：根据任务价值进行分组，优先在高价值组中使用 FIFO 规则调度，然后在低价值组中使用 FIFO 规则调度。

(3)SMOVE：优先选择“关键”队列最短(意味着预期加工时间最短)的机器；如果没有关键队列，则根据 FIFO 规则调度。

(4)SPT&JSR：如果至少一个任务具有负的空闲时间，则所有任务的优先级都设置为它们的空闲值并依据 S1 规则调度；如果所有任务的空闲时间都为正值，则选出满足“作业闲置比小于任务集的作业限制比最小值的两倍”的任务，并依据 SPT 规则调度；未选择的任务暂不予考虑。

(5)OPNDDP：根据 SPT 规则调度任务，除非时间已经超过任务的加工到期时间。

(6)DDNINQ：两类任务获得更高的优先级。1)任务完成后离开加工车间；2)下一道工序的加工机器的队列小于预定值 Q。在此基础上，使用 DD 规则调度。

(7)FIFO+SPT：如果队列等待数量小于 Q，则使用 FIFO 规则调度；否则使用 SPT 规则调度。

2.2.2.3 加权优先级指标

将不同的简单调度规则利用不同权重组合起来，得到任务或机器的最终加权优先级，依据此优先级进行调度。优势在于可以将多维度的调度规则结合起来，并根据重要性赋予不同的权重。如何确定合理的权重是许多研究的关键。

(1)Pi_1：在 S1 规则的基础上，对截止日期前的事件赋予 α 的权重。

(2)P+S1/OP：优先选择下一道工序加工时间和剩余工序松弛时间的加权总和最小的任务。

(3)P+WKR：选择下一道工序加工时间和剩余工作的加权总和最小的任务。

(4)P/WKR：选择下一道工序加工时间与剩余工作的加权比最小的任务。

(5)MSR：优先选择权重加权和最小的任务。权重加权和是任务到期时间加上下一个任务的加权值减去剩余任务的加权值的结果。

(6)RPT/RT：选择剩余加工时间与当前任务空闲时间之比最小的任务。

(7)P/OPNR：选择即将进行的工序加工时间与剩余操作数的加权值之

比最小的任务。

2.2.2.4 启发式调度规则

启发式调度规则涉及更复杂的考虑，如预期的机器工作负载、替代路线的影响和调度替代操作等，这些规则通常与简单调度规则一起使用。在某些情况下，启发式调度规则可能涉及非数学化的人类经验，例如通过目视检查在调度计划的空闲时间中插入一任务。优势在于可以应用难以使用数学模型解释的经验规则。

(1) Alternate Operation：如果根据简单的规则选择一项任务会使另一项任务产生负的松弛时间，则重新考虑该步调度工作的效果。

(2) Alternate Routing：通过一组交替路线的集合研究一个任务的效果。(a) 与 SPT 规则的交替路线；(b) 与 LPT 规则的交替路线；(d) 与 Random 规则的交替路线。

(3) Look Ahead：研究一个任务的调度对另一个任务的影响，该任务可能在加工任务完成之前到达队列。

(4) P * SPT：采用 SPT 规则调度，除非任务位于最后一道工序中，并且通过使该任务进行调整可以避免延迟。

(5) Insert：使用 Look Ahead 规则，如果在机器上观察到空闲时间段，则从相应的队列中插入另一个任务，该任务可以在关键任务到达之前完成。

(6) Subset：确定关键任务，首先调度这些关键任务，然后围绕关键任务调度其余任务。

(7) Manipulation：当甘特图已经确定后，使用不同的操作来改进调度计划。

(8) Time Transcending Schedule：确定每个任务的优先级。安排优先级

最高的任务的下一道工序。重复评估优先级，总是以最高优先级调度任务的下一道工序。

2.2.2.5 其他规则

涉及为特定场景设计的规则、基于任务参数的优先级数学函数，以及其他没有被分类的规则。多数规则都是基于“预期”等待时间或者预期工作，所以区别于前面的规则而被分入单独的一类。

（1）MJSR：类似于 JSR 规则，除了预期延误时间以外被加入了每个任务的加工时间。

（2）RSMWT：优先选择任务限制时间与标准移动时间加预期等待时间之和最小的任务。

（3）XWINQ：优先选择在队列的下一个操作中（当前的和预期的）工作最少的任务。

调度规则有数百种，不同的调度规则适用于不同的情况，没有一种调度规则可以在所有情况下支配其他规则，这种现象类似于优化算法。由于调度规则是基于非常有限的信息做出的短视决策，其性能通常不如优化算法。但它们简单，易于使用，并能适应变化，因此被广泛应用于日常生产实践中。

2.2.3 鲁棒预响应调度

在面临突发事件时，预测响应式调度采用的方式是修改原本的调度计划，使一些绩效指标受到的影响最小，保证响应后的调度计划具有不错的性能，但这些方式对突发事件的发生及其影响并没有准确的估计，因此突发事件可能会延迟原有的计划进度，导致基于该计划的活动无法执行；频繁的重新调度也会使车间行为难以预测，降低了更高层次生产计划系统的有效性。因此，开发有容错能力的鲁棒调度方式是很有意义的，它可以最大限度地减少突发事件计划活动的影响，使原来的调度计划具有很强的稳定性和延续性。

鲁棒预响应调度是一种新式的调度方法，具有广阔的应用前景，但这种方法的主要困难是对不确定性的预测精度和预测效度问题。在生产系统中有三类不确定性：完全未知的不确定性，基于猜想的不确定性和已知的不确定性。完全未知是指完全无法预测的事件，例如没有任何预警信息的突然袭击或者自然灾害，除了在这些事件发生后进行响应外，我们几乎无能为力；基于猜想的不确定性来自于调度人员的常识和经验，但很难系统性地将常识和经验纳入调度算法，因为它们是难以量化的。因此，为具有这两种不确定性的系统开发可预测的调度是困难的。已知的不确定性是在生成调度计划时可以获得某些信息的不确定性，例如预测机器故障时，其频率和持续时间可以由概率分布表征。调度算法在开发预测调度计划的同时，可以通过这类信息来解决一些已知的不确定关系。鲁棒预响应调度就是基于已知的不确定性展开研究的。

不同于预测响应式调度的优化目标，鲁棒预响应调度是在动态环境中预测未来的性能需求，目标是最小化突发事件的影响并根据预测来实现目标条件的调度。因此原本的调度计划在进行时，鲁棒式的预测调度努力地保证了预定调度计划与实际调度计划的偏差在可控范围内。鲁棒预响应调度有两个重要功能：第一个是将车间资源分配给不同的作业，以优化一部分车间绩效；第二个是提供合理的性能预测结果，可以作为计划活动的决策基础，如材料采购、预防性维护和向客户交付订单。

应对不确定性的能力就是系统的容错性，即保证系统的局部故障不会导致系统整体故障的能力。实现容错性的方式有两种：一种是资源冗余，使用多个相同的资源集来实现随时待命的容错资源；另一种是时间冗余，将缓冲作业加入调度过程，当发生错误时使用缓冲作业的时间和资源来重新执行原定的生产作业。纯粹的资源冗余在现实环境中是不经济的选择，因为各项资源成倍地增加会导致高昂的成本，所以资源冗余通常用于资源成本低廉但时间成本高的生产过程中。时间冗余可能在实际应用中是更具有经济前景的，但棘手的是调度问题加上冗余问题将变得更加复杂。

时间保护是一种可行的时间冗余方式，它基于资源的不确定性统计信息来确定需要时间冗余的数量，通过延长生产作业的预期持续时间来吸收潜在的不确定性。这类故障概率非零的资源被称作易碎资源，需要易碎资源的活动的持续时间被延长，以提供额外的时间来应付故障。每个活动的“受保护”持续时间等于其原始持续时间加上在活动执行期间预计发生的故障持续时间。决定时间保护时长的统计信息包括平均故障时间、平均修复时间和缓冲库存量等。

除了在作业的预计时间中增加时间冗余外，还可以直接在调度时间线上增加冗余，比如时间窗松弛和集中时间窗松弛就是对上述方法的改进。在这种方法中，它们并不是将松弛包括在活动持续时间中，而是明确地在调度计划中计算每个活动的可用松弛时间。时间窗松弛与集中时间窗松弛的区别在于：前者可以自由地安排松弛时间窗的位置，因此在灵活度和适应度上具有优势；后者则将一部分集合的松弛时间窗安排在一起，因此调度更具有整体性。通过这种松弛方式，它们能够利用同样的空闲时间来保护更多的活动，并将空闲时间集中在日程中最重要或最脆弱的部分。

Mehta 和 Uzsoy 提出了基于时间窗松弛的单机调度模型，模型中生产作业是动态到达的，故障的发生时间和持续时间是未知但服从一定的分布的。模型的目标是最小化所有作业的最大延迟。在鲁棒预响应模型中，机器故障的影响是通过实际进度的作业完成时间与预测进度中的计划完成时间的偏差来衡量的。根据作业的顺序和预期发生机器故障的性质和频率，模型通过在调度计划中插入额外的缓冲时间来应对突发事件，在一定程度上将偏差控制在合理的范围内，使模型实现了较高的可预测性。实验结果表明，时间窗松弛方法显著地改善了模型可预测性，使系统的容错性明显提升，而且调度性能的牺牲很小。

在此之后，许多研究都沿用了时间窗冗余的方式，具体方式是先使用调度方式生成一个基准调度计划，然后按照一定的规则插入松弛时间窗以增强调度计划的容错性。

Leon 描述了一种为作业车间生成健壮调度的遗传算法。他将作业车间调度 S 的调度鲁棒性定义为：

$$R(S)=r\times E[M(S)]+(1-r)\times E[\delta(S)]$$

其中 $M(S)$ 是一个随机变量，表示存在中断时 S 的实际完工时间，r 是区间[0，1]中的实值权重；$\delta(S)=M(S)-M_0(S)$ 表示进度延迟，定义为表示实际和计划时长的差值。由于 $M_0(S)$ 是确定的，因此 $\delta(S)$ 和 $M(S)$ 的期望值满足等式 $E[M(S)]=E[\delta(S)]+M_0(S)$。Leon 假设在中断后立即重新启动右移计划修复策略，他证明了调度鲁棒 $R(S)$ 在计算单一突发事件中调度是适用的。

2.3 系统层级重构

系统层级重构是指在任务需求确定之前，进行车间之间的调度。

传统上，工业环境下开发的大多数调度系统被认为是一种自上而下的过程指挥和响应，严重依赖于集中分层式系统。为了确保整个企业数据的一致性，分层集中式系统严重依赖统一的中央管理器。为了优化性能，调度决策在中央管理器集中制定，然后分发到各个制造资源级别执行。这些体系结构让中央计算机负责安排计划、调度资源、监视任何偏差并采取纠正措施。

集中分层式调度系统存在许多缺点。主要的缺点是中央计算机的存在，这构成了一个可以影响到全局的瓶颈，当这一个节点出现问题时，整个制造系统都会崩溃；此外，集中式系统对控制的节点规模和层级数量造成了限制，当节点规模过大和层级数量过多时，决策的复杂度呈几何倍数的增长，决策的效度也随之降低；修改分层控制的制造系统是昂贵且耗时的，因为它涉及昂贵的软件重写。

随着制造系统组件的集成，层次化调度系统变得越来越复杂，因此另一缺点也不可忽视，即信息的上下流动增加了决策的延迟时间，使决策的速度减慢。实践经验表明，分层集中式调度系统往往对系统扰动有延迟响应问题，不能有效地响应突发事件。当扰动发生时，它首先被反馈到层次结构中的中央管理器，只有在调度器进行了调整之后，新的调度才会触发新的命令流，从而形成对扰动的反应。这种信息的上下移动导致响应时间拉长，从而导致系统的鲁棒性降低。尽管集中分层式系统能在实时干扰很少的环境中提供全局更好的调度，但在越来越多的场景中发现它们对高动态环境的响应不够及时有效。因此，集中分层式调度的特点是复杂、不灵活、成本高、难以维护和重新配置，难以满足当今复杂的制造环境的需求。

制造业的全球竞争压力促进了制造业系统运行的根本变化。今天的系统必须对扰动迅速响应，同时保持更短的产品周期，增加调度的灵活性。面对这一挑战，目前的趋势是建设高度自动化的系统，这些系统旨在通过模块化和分布式的系统提供健壮性、稳定性、适应性的设置支持，并使系统有效整合可用资源。在这个趋势下，具有对市场和技术变化的敏感反应的分布式车间组织方式得到了广泛关注，一股新的趋势正在发展。基于智能体的技术为解决这些问题提供了一种自然的途径，可以用于设计和实现分布式智能制造环境。

设计分布式系统的主要目的是分散对制造系统的控制，从而降低复杂性和成本，增加节点的灵活性，并增强容错能力，这些优点都是对传统集中分层式调度系统缺点的改进。有充足证据表明，由于自主决策、分布决策、动态管理以及鲁棒响应扰动的优点，分布式的多智能体调度系统将是构建复杂、健壮和高效的下一代制造调度系统的最有前途的方法之一。

分布式的基于多智能体的调度系统在解决动态调度问题上有以下优势。

(1)基于多智能体的调度系统得知，数据和控制是通过具有独立性和自主性的工厂实现的，这些工厂进一步是由附属于工厂中的物理或者功能模块(如资源、操作员、零件、任务等)的实体构成。智能体结构能够封装模块，表示不同层级的控制主体、资源主体和操作主体，方便制造资源规划、调度和执行控制。

(2)局部自主权可以发挥智能体在一个或者多个实体执行任务时的调度责任，并对局部变化进行及时和高效的响应，增强了系统的健壮性和灵活性。相比集中式系统的决策模块，每个智能体的决策模块更加轻量化和高效化，因此更容易构建、维护和更新。而且在添加新的智能体或删除旧的智能体时，不需要对现有的网络做大量的更改，就可以进行信息的整合和更替。

(3)这些智能体在基于局部条件进行交互和合作方面具有相当大的自由度，可以实现在全局范围内实现稳健且良好的调度计划。多智能体系统不像集中式系统那样进行全局优化，而是通过智能体之间实时的动态交互来实现。因此，系统的运行效果依赖于智能体之间的并行的独立的局部决策。

智能体是能够在没有人类或其他智能体的直接干预下进行操作并且能够控制自己的操作和内部状态的主体，一般指处于某种环境中的系统，它能够在该环境中自主行动，以满足其设计目标。

多智能体系统是一个解决问题的网络，通过多智能体的交互合作来解决超出个体层面的问题。在面对制造系统组件的集成越来越复杂的趋势时，多智能模型凭借其自主性和灵活性的优势，减缓了系统中信息流传播的延迟效应，保证了决策的合理性和实效性。通过去中心化的分布方式，可以有效地发挥局部的信息优势，降低中心化决策的复杂度，这种模型被称作基于多智能体的动态重构（Multi-agent Based Dynamic Scheduling），目前研究比较多的有两种结构：自主体系结构（Autonomous Architecture）和中介体系结构（Mediator Architecture）。

2.3.1 自主体系结构

在自主体系结构中，代表资源和任务等制造实体的智能体能够生成它们的局部调度，对局部变化做出快速反应，并直接相互合作生成全局健壮的良好调度。

自主体系结构是指不同控制层次结构中每个节点都由独立的智能体表示，层级可以分为工厂、车间、生产组、机器、任务等。根据职能的不同，智能体又可以分为任务智能体、资源智能体、机器智能体。在完成任务时，任务智能体与资源智能体协商，使用合同网络协议的方式，将任务智能体的任务通过资源智能体分配给各个机器智能体实现。

协商过程是通过竞标的方式进行的，标书信息被传递到具有竞标能力的智能体处，标书描述了对作业的最早完成时间或最短处理时间的估计。各个智能体评估任务之后，进行投标。最终，依据预定标准选出中标者，并委托中标者完成任务。

2.3.1.1 多智能体结构

多智能体结构的研究已非常广泛，尤其是仅涉及资源智能体和任务智能体的简单结构，已在柔性制造系统中被提出。任务和资源处在控制链的两端，任务智能体和资源智能体作为信息传递的桥梁，将任务和资源匹配起来。当新的任务产生时，任务智能体接收到任务信息，并通过一定方式与控制实际生产资源的资源智能体达成协议，约定操作设置和运行时间，最终匹配到实际的资源。

任务智能体在结构中承担接受任务信息、发布生产任务招标、与资源智能体协商并约定生产细节的作用。资源智能体可以代表生产中任何一种资源，包括生产机器、工具、工业机器人和控制计算机等。资源智能体记录着资源的当前状态：它的工作情况和要执行的活动。资源的活动由一个议程表示，该议程包含要进行的操作的顺序以及这些操作的预期持续时间。资源智能体还负责与其他资源智能体建立协商，以选择最合适的资源，来分配给特定任务的操作。

资源智能体负责各自资源的动态调度，它们彼此之间没有上下层级的控制关系，而是使用契约网络协议进行谈判，通过局部的协议生成全局的调度计划表。每个资源智能体执行以下功能：调度、分配、监控和错误处理。资源智能体使用知识库中的纠正操作对相应资源上发生的实时事件进行局部响应。

契约网络协议包括请求、投标、契约、确认四个基本环节，通过在代理之间发送消息来动态和分层地构建调度。与集中分层式系统不同的是，契约网络协议通过在所有智能体上分配调度功能来改善系统性能，提高了多智能体体系结构的模块化以及同时实时调度多个任务的能力。此外，每个智能体采用了高度的机会主义，除了处理调度不确定性的能力外，还利用了制造环境的灵活性提供的最佳机会。

契约网络协议是基于两个规则提出的：规则 1，资源智能体对给定任务操作的资源分配提出最佳估计，而不考虑潜在的冲突情况；规则 2，在发生冲突的情况下，如果必要，资源智能体可以取消它以前的一个或多个决定。

协商可以被分解为四个步骤：发送请求，竞价反馈，发送合同和确认反馈。

(1)发送请求。任务智能体提取任务的最后一个操作，并使用有关材料配置的知识构造操作的潜在资源列表。与此操作相对应的资源智能体接收到的消息格式为：发送者，任务编号，任务目标，操作执行次数和操作列表。每个候选资源智能体将不断收到请求信息，直到没有操作需要进行谈判。

(2)竞价反馈。接收到请求信息的资源智能体将根据契约网络协议的两条规则进行投标响应，将信息发送回任务智能体。竞价信息的格式为：发送者，任务编号，操作和操作开始的时间。

(3)发送合同。当任务智能体接收到所有竞价信息后，它将选择报价开始时间最早的智能体。如果所有资源都不能保证任务的完工期限，则不签合同并且结束协商，并返回调度失败的消息。合同的格式为：发送者，任务编号，操作和合同开始时间。

(4)确认反馈。资源智能体确认所签操作的执行，这一反馈意味着该合同不会与其他合同产生冲突。此确认消息完成的格式为：任务编号和操作。

2.3.1.2 多智能体系统发展

YAMS(Yet Another Manufacturing System)是最早的基于智能体的制造系统之一，它将智能体设置到控制层次结构中的每个节点。YAMS 的运作思路是，任务智能体与资源智能体协商，使用合同网络协议将任务分配给机器智能体。

为了提高灵活性和鲁棒性，提出了一种在制造系统中动态调度的多智能体结构，其中包括任务智能体和资源智能体。任务智能体使用契约网络协议与资源智能体协商任务的操作。当资源智能体检测到故障时，它将向每个承包了其操作的任务智能体发送机器的故障消息。在接收到机器故障消息后，任务智能体将与其他能够执行操作的资源智能体进行重新协商。

钢铁生产的集成和动态调度可以使用多智能体结构，在这个结构中，每一个钢铁生产过程都由一个智能体来代表，包括热轧智能体、连铸智能体、板场智能体和用户智能体。热轧智能体和连铸智能体分别对热连轧系统和连铸系统进行鲁棒预测响应调度，使用效用度、稳定性和鲁棒性度量以及各种重调度启发式，在实时事件存在的情况下生成鲁棒预测响应调度。

为了更好地提高契约的经济效率，提出了一种服务水平的承诺契约，可以视作原有的契约网络协议的扩展，用于对未来不确定性的不完全信息情况进行水平的约束。提出了一个基于自动化确定服务水平的分布式模型，契约允许智能体策略化地应对未来的事件，即可以选择旅行契约或取消契约，在后者情况中，只要向合同另一方支付取消契约的罚款，每个智能体就可以从合同中退出。解除契约的处罚被分配给合同中的两个智能体，以便从合同中解脱出来。

除了契约方式外，多智能体系统也可以使用拍卖和货币机制进行智能体间的协商。相较于有限范围的契约模式，拍卖模式的优势在于可以在很低的沟通成本基础上，同时整合起数量众多的智能体的资源，实现更大范围内的资源适配。一种基于货币模型的车间动态调度的多智能体结构值得考虑，该结构结合了调度目标和价格机制。在模型中，使用智能体表示任务、资源和部件。任务智能体通过合同网络竞价机制与资源智能体进行协商，以优化一个加权化的目标，该目标可以是到期日、价格、质量或其他用户定义的因素的综合函数。部件智能体带着一定的货币进入系统，从几个能够满足处理需求的资源智能体中征求和评估投标，并选择符合其优化目标的一个智能体。每个资源智能体根据其状态设置服务价格，然后根据所提供的货币决定所选中的标的和报价。任务智能体试图使支付的价格最小化，但资源智能体的目标是使收取的价格最大化。一旦任务智能体和资源智能体达成协议，每个交易就完成了。当一个资源智能体出现故障时，它通知相应的任务智能体，而任务智能体与资源智能体就出现故障的操作进行重新协商。

其他基于多智能体的动态调度系统采用学习方法进行动态调度。比如用于动态调度的多智能体学习方法中，在多智能体体系结构中的工作区域由具有包含调度规则的知识库的智能体控制。该智能体采用基于遗传算法的学习方法，每隔一段时间即更新一次知识库中的规则。较高的学习频率可能有助于智能体快速适应车间的变化。

比如可以使用强化学习智能体的动态作业车间调度，智能体在学习阶段通过强化学习算法进行训练，然后成功地做出调度操作的决策。该调度系统由模拟器和智能体两部分组成。智能体根据车间条件选择最合适的优先级规则来选择任务分配给机器，而模拟器则使用智能体选择的规则执行调度活动，生成模拟结果，两者之间彼此沟通，选出最优的调度方案。

2.3.2 中介体系结构

尽管自主体系结构具有良好的性能，但在智能体数量巨大的情况下，它们通常在提供全局优化的调度和可预测性方面面临问题。一些研究人员提出了在这种复杂环境中进行动态调度的中介体系结构，以结合鲁棒性、最优性和可预测性做出最优的安排。中介体系结构提供了简单的运算模式，同时非常适合开发复杂的、动态的、由大量资源智能体组成的分布式工业系统。在研究中表明，相对于自主体系结构，中介体系结构具有更好的性能，因为它们具备更好地应对干扰的反应能力。这种面向未来进一步规划的能力，可以在全局范围内产生令人满意的性能。

中介体系结构具有一个基本的结构，每部分由可以自主合作的局部智能体组成，这些智能体能够相互协商以实现生产目标。在此基础结构上增加了中介智能体，以协调局部智能体的行为来执行全局动态调度。中介智能体与局部智能体同时工作，并参与到与局部智能体相同的决策过程中。局部智能体保持其决策的自主性，但可以请求中介智能体的建议。中介智能体有能力提供咨询意见、实施或更新资源智能体做出的决定，以满足全局目标和解决资源冲突。中介智能体了解整个系统的情况，而局部智能体了解更新更详细的局部情况。因此，局部智能体可以更快地对干扰做出反应，而中介智能体可以协调智能体的行为，并提高全局性能。

在柔性制造系统的动态调度中，提出了一个非常基本的中介体系结构。该体系结构由任务智能体、任务中介智能体、资源智能体和资源中介智能体组成。任务中介智能体可以激活任务智能体。资源中介智能体使用契约网络协议与资源智能体进行协商，执行任务。当资源调度发生冲突时，关于失败操作的消息被发送到资源中介智能体，资源中介智能体继续与其他资源智能体进行重新协商过程。这种处理故障的模式非常简单。

为了提高复杂制造系统的鲁棒性，提出了一个将中介智能体集成到制造设施的各个级别的模型。Maturana 和 Shen 等人提出了用于大型异构制造系统动态调度的中介体系结构 MetaMorph，以解决结合智能体的子任务和虚拟集群的虚拟企业问题。虚拟企业伙伴关系问题与将异质制造子系统统一为一个大型的、动态的合作子系统虚拟联盟有关。体系结构中有两种主要类型的智能体：资源智能体和中介智能体。资源智能体用于表示制造设备和操作，而中介智能体用于使用契约网络协议协调资源智能体。当资源智能体发生局部级别的故障时，通过引入故障周期来模拟资源故障，以解决故障问题。在故障期间分配的每个作业都被重新调度到同一资源智能体(发生故障的资源)或不同资源智能体中的其他可用时期。

Shen 和 Maturana 等人开发了 MetaMorph II，用于集成制造企业的活动，如设计、计划、调度、模拟、执行、材料供应和营销服务。在这种体系结构中，制造系统通过子系统中介的层次结构组织起来，模型中使用了四种类型的中介：企业中介、资源中介、营销中介和设计中介。每个子系统都是一个基于智能体的系统，通过一个特殊的中介集成到系统中。制造资源智能体由系统所有级别的适当中介进行协调。高级资源中介协调低级中介，如机器中介、工具中介、工作者中介和运输中介。将中介机制与契约网协议相结合，实现资源智能体之间的合作。已经开发了几种调度修复机制来响应实时事件的出现，例如：新任务的到达、任务的取消、机器故障和任务处理时间的延迟。

Sun 和 Xue 开发了一种中介反应性调度体系结构，用于响应任务和制造资源的变化。生产资源(包括设施和资源)由智能体表示，智能体由设施中介和人员中介两个中介协调，使用合同网络协议。通过响应性调度来修改已创建的生产计划，以应对工作的变化(如任务单取消、紧急任务的插入)以及制造条件的变化(如机器故障或生产人员生病等原因)。采用匹配重调度策略和基于智能体的协作，在保证调度质量的同时，只修复部分原先的调度，通过这种方式提高响应性调度效率。

2.4 案例：多智能体调度系统

在计算复杂的现代制造系统中，存在订单扰动时的动态重调度和重构决策是一个重要问题。随着市场供应端和需求端的发展，具有多样性和个性化的消费产品开始踊跃冒出，较大的企业在市场份额和就业方面已经失去了曾经的绝对优势，中小企业越来越重要，其对灵活小批量的个性化产品响应能力更具有竞争力。但中小型企业中的传统调度系统存在以下三个问题。①系统难以响应并行请求：传统系统通常无法管理一组必须处理的同时发生的事件。②缺乏分布式决策机制：调度控制系统采用集中的决策支持系统，该系统位于主机上。③即使系统可能发生大量的内部或外部干扰，在干扰情况下系统对重构的响应能力和速度并不理想。

本案例采用多智能体方法，在考虑动态客户需求和内部扰动的情况下，提出了一种基于多智能体的制造流水线动态调度模型，在系统中，每个智能体都是自主的，并具有与其他智能体合作和谈判的能力，本案例所提出的决策系统支持静态和动态调度。本案例利用该模型设计了一个具有同时动态重调度特点的决策系统。该系统以某中小企业的生产为例进行了实际应用，并考虑了客户动态需求和机器内部故障等因素，进行自动化机器生产。

案例中的企业 X 主要向国内市场提供订单，该公司有两个主要部门：

位于市中心的制造支持和管理部门，以及位于几公里外工业区的生产车间。制造支持和管理部门负责产品的设计、生产计划调度以及产品营销，此外，该部门还包括财务和行政的智能。生产车间的工作内容包括框架和几个组件的生产，以及产品的出厂测试和质量控制。

当前调度和控制体系结构存在着诸多问题，正如大多数中小型企业一样，可以通过使用基于多智能体的动态决策来改进。具体问题如下。

(1)在制造支持和管理部门中采用静态系统对制造系统进行调度。

(2)所有的决定都是由这个部门做出的。生产机器的运行没有自主调度单元。

(3)系统缺乏实时调度，在客户需求动态的情况下不灵活。

(4)调度系统不受系统内部扰动的影响，因此无法对突发事件进行响应。

开发基于多智能体的决策支持系统来解决这些问题的理由如下。

(1)当临时性的客户需求增加时，动态决策系统可以动态地对系统进行调度。

(2)基于多智能体的动态决策系统，可以在机器故障干扰下找到最优的调度问题。

(3)该系统实现了自主的生产车间调度，发挥子节点的决策优势。

2.4.1 问题描述

为了构建无处不在的混合流车间体系结构，本案例提出了一种创新的动态调度单元。在每个阶段都有多个不相关的并行机器进行相同操作的处理，前一阶段和后一阶段的调度关系是相对独立的。因此，每个包含并行机的阶段都被视为一个动态调度单元。动态调度单元由三个级别组成，从上到下，第一级是企业信息系统(EIS)，第二级是多智能体系统(多种智能体系统)，第三级是无处不在的车间(每个阶段)。

（1）企业信息系统包括各种业务子系统，如企业资源规划（ERP）、制造执行系统（MES）、产品数据管理（PDM）、计算机辅助工艺规划（CAPP）和计算机辅助技术（CAX）。企业信息系统扮演了一个制造知识库的角色，它可以发布订单任务、提供工艺数据和接收完成反馈。

（2）多智能体系统由调度智能体（Scheduling Agent）、分配智能体（Dispatch Agent）、机器智能体（Machine Agent）和检测智能体（Inspection Agent）等多种智能体组成，这些智能体之间可以相互通信、合作和竞争。多智能体系统是一种为动态调度提供实时决策支持的中间体，这些智能体接收来自企业信息系统的订单任务并处理数据，实时控制车间的某些设施，并且实时感知车间的某些数据。它们的具体功能如下。

1）调度智能体通过接收实时订单任务，获取实时生产信息，根据数学模型和智能算法动态生成最优的预调度和重调度解决方案，并对生产调度结果进行性能评估。

2）分配智能体负责实时获取调度缓冲区中计划作业、插入作业和重做作业的标识，并根据作业的处理数据为其分配相应的优先级。

3）机器智能体负责实时监控某台机器的加工状态和信息。该智能体可以根据优先级选择要处理的相应作业，并在发生机器故障时调用维护程序。

4）检测智能体负责获取某一检验缓冲区内作业的加工质量检验数据。不合格的作业送入指定的调度缓冲区进行返工，合格的作业送入流水线或下一阶段，并记录完成数量。

（3）无处不在的车间包含各种生产设施和网络设施，包括电源、插座、调度缓冲、机器、检验缓冲和流水线。网络设施包括 RFID 阅读器、RFID 标签、多源传感器、数字卡尺、Wi-Fi 和网关。无处不在的车间执行来自多智能体系统的控制命令，感知各种生产数据，即作业类型识别、机器状态识别、加工质量识别和工艺指标测量。在动态调度单元中，考虑的可持续性指标是加工时间、能源消耗和碳排放。

2.4.2 问题建模

基于具有动态调度的单元体系结构，本案例建立了包括指标估计、目标函数和约束条件在内的最优调度问题的数学模型。指标估计表示了可持续性指标的性能，而目标函数表征了生产车间的基本类型。

符号	含　　义
n, m, l	待处理的作业数，阶段或操作的数量，机器的数量
a, b	插入的作业数，返工的作业数
(i, j, k)	作业 i 的操作 j 在机器 k 上进行加工
$k(i, j)$	通过一定的优先级规则对机器 k 进行特定的选择
i'	在机器 k 上作业 i 的前置作业
$j-1$	作业 i 中操作 j 的前置操作
k'	作业 i 在机器 k 的前置加工机器
x_{ijk}	0-1 变量，决定作业 i 的操作 j 是否在机器 k 上进行加工
R_j	在阶段 j 的机器数量
C_{ijk}	(i, j, k)的结束时间
St_{ijk}	(i, j, k)的开始时间
Pt_{ijk}	在机器 k 上考虑(i, j, k)情况下，(i, j, k)的预计加工时间
C_{max}	最大完成时间，与最后一个作业的完成时间相等
EC, TEC	(i, j, k)的能源消耗量和总的能源消耗量
CE, TCE	(i, j, k)的碳排放量和总的碳排放量

续表

符号	含　　义
$\bar{p}_{ijk}$	在加工(i, j, k)的期间平均加工功率
$\bar{q}_k$，$\bar{g}_k$	机器k的平均空闲能源功率和平均故障能源功率
$\bar{e}_{ijk}$	在加工(i, j, k)的期间平均碳排放量
f_{ijk}	(i, j, k)的权重优先级
v_1，v_2，v_3	PT，EC和CE的权重系数
F	调度解决方案的适应性
w_1，w_2，w_3	最大跨度、TEC和TCE的适应度权重系数

2.4.3 指标估计

$PT=Pt_{setup}+Pt_{working}$	(1)
$EC=EC_{setup}+EC_{working}+EC_{idle}+EC_{failure}=\bar{p}\cdot PT+\bar{q}\cdot(ST-C)+\bar{g}\cdot(C-ST-PT)$	(2)
$CE=CE_{elec}+CE_{material}+CE_{chip}+CE_{tool}+CE_{coolant}=\bar{e}\cdot PT$	(3)

在式(1)中，每台机器的加工时间PT由启动时间Pt_{setup}和实际工作时间$Pt_{working}$组成，其中启动时间简单地考虑在加工时间中。在式(2)中，每台机器的能耗EC主要由启动能耗EC_{setup}、工作能耗$EC_{working}$、空闲能耗EC_{idle}和故障能耗$EC_{failure}$组成，其中这些分量用平均加工功率$\bar{p}$、平均空闲功率$\bar{q}$和平均故障功率$\bar{g}$进行简化。在式(3)中，由于加工碳排放量远大于空闲碳排放量，每台机器的碳排放CE仅考虑加工碳排放；加工碳排放包括发电产生的碳排放CE_{elec}、原材料生产产生的碳排放$CE_{material}$、切屑去除产生的碳排放CE_{chip}、切削刀具生产产生的碳排放CE_{tool}和切削液生产产生的碳排放$CE_{coolant}$，其中这些排放量简化为平均排放量速率为$\bar{e}$。

目标函数可以写为：

$$\min C_{\max}=\max(St_{imk}+Pt_{imk}) \quad \forall i\in\{1, 2, \cdots, n+a+b\}, k(i, j)\in\{1, 2, \cdots, l\} \qquad (4)$$

$$\min TEC = \sum_{i=1}^{n+a+b}\sum_{j=1}^{m}\bar{p}_{ijk}\cdot Pt_{ijk} + \sum_{i=1}^{n+a+b}\sum_{j=1}^{m}\bar{q}_k\cdot(St_{ijk}-C_{ijk}) + \sum_{i=1}^{n+a+b}\sum_{j=1}^{m}\bar{q}_k\cdot(C_{ijk}-St_{ijk}-Pt_{ijk}) \quad k(i, j)\in\{1, 2, \cdots, l\} \qquad (5)$$

$$\min TCE = \sum_{i=1}^{n+a+b}\sum_{j=1}^{m}\bar{e}_{ijk}\cdot Pt_{ijk} \quad k(i, j)\in\{1, 2, \cdots, l\} \qquad (6)$$

式(4)中，时效目标用最大化时长 $C_{\max}$ 表示。式(5)中，节能目标用最小化总能耗 TEC 表示。式(6)中，排放效率目标用最小总碳排放量 TCE 表示。所有的目标函数都考虑了计划的作业、插入作业、返工作业和机器故障。

模型的约束条件如下。

$$\sum_{i=1}^{n+a+b}x_{ijk}=1 \quad x_{ijk}\in\{0, 1\}, \forall j\in\{1, 2, \cdots, m\}, k(i, j)\in\{1, 2, \cdots, l\} \qquad (7)$$

$$\sum_{j=1}^{m}x_{ijk}=1 \quad x_{ijk}\in\{0, 1\}, \forall i\in\{1, 2, \cdots, n+a+b\}, k(i, j)\in\{1, 2, \cdots, l\} \qquad (8)$$

$$R_j\geqslant 1 \quad \forall j\in\{1, 2, \cdots, m\} \qquad (9)$$

$$C_{ijk}=St_{ijk}+Pt_{ijk} \quad \forall i\in\{1, 2, \cdots, n+a+b\}, j\in\{1, 2, \cdots, m\}, k(i, j)\in\{1, 2, \cdots, l\} \qquad (10)$$

$$St_{ijk}\geqslant C_{i(j-1)k} \quad \forall i\in\{1, 2, \cdots, n+a+b\}, j\in\{1, 2, \cdots, m\}, k(i, j)\in\{1, 2, \cdots, l\} \qquad (11)$$

$$St_{ijk}>C_{ijk} \quad \forall i\in\{1, 2, \cdots, n+a+b\}, j\in\{1, 2, \cdots, m\}, k(i, j)\in\{1, 2, \cdots, l\} \qquad (12)$$

式(7)表示选定的机器 k 只处理一个作业的操作 j。式(8)表示选定的机器 k 在任何时刻只处理一个作业 i 的操作。式(9)表示有不止一台机器处理作业的操作 j。式(10)表示作业 i 的操作 j 的结束时间点等于作业 i 的开始时间点加上作业 i 的处理时间。式(11)表示作业 i 的操作 j 要等到操作 j-1 完成后才能进行操作。式(12)表示顺序约束，当在同一台机器 k 上处理两个不同作业的作业 j 时，直到前一个作业完成后，才能继续处理下一个作业。

2.4.4 方法介绍

本问题可以用结合元启发式的多智能体介绍来解决。首先，必须确定作业的优先级公式，本案例提出了一种创新的指标加权和法来计算工作优先级，如式(13)所示。

$$f_{ijk}=v_1\cdot\frac{Pt_{ijk}-PT_{\min}}{PT_{\max}-PT_{\min}}+v_2\cdot\frac{\bar{p}_{ijk}\cdot Pt_{ijk}-(\bar{p}\cdot PT)_{\min}}{(\bar{p}\cdot PT)_{\max}-(\bar{p}\cdot PT)_{\min}}+v_3\cdot\frac{\bar{e}_{ijk}\cdot Pt_{ijk}-(\bar{e}\cdot PT)_{\min}}{(\bar{e}\cdot PT)_{\max}-(\bar{e}\cdot PT)_{\min}} \tag{13}$$

$$\forall i\in\{1,2,\cdots,n+a+b\},\ j\in\{1,2,\cdots,m\},\ k(i,j)\in\{1,2,\cdots,l\}$$

其中 v_1，v_2 和 v_3 分别为 PT、EC 和 CE 的优先权重系数，并且满足条件 $v_1+v_2+v_3=1$。v_1，v_2 和 v_3 的值代表了对三类指标的不同权重，选择合适的权重值对结果具有明显的影响。Pt_{ijk}，$\bar{p}_{ijk}$ 和 $\bar{e}_{ijk}$ 的数据可以从企业信息系统中获得，归一化的上界值和下界值也可以从企业信息系统的历史数据或实际经验中获得。

然后，对三个目标函数分别赋予不同的权重系数 w_1、w_2 和 w_3。适应度可由三个目标函数的加权和得到，如式(14)所示。

$$F=w_1\cdot\frac{C_{\max}-(C_{\max})_{\min}}{(C_{\max})_{\max}-(C_{\max})_{\min}}+w_2\cdot\frac{TEC-TEC_{\min}}{TEC_{\max}-TEC_{\min}}+w_3\cdot\frac{TCE-TCE_{\min}}{TCE_{\max}-TCE_{\min}} \tag{14}$$

其中，w_1，w_2 和 w_3分别为时长 C、TEC、TCE 的适应度权重系数，并且满足条件 $w_1+w_2+w_3=1$。w_1，w_2 和 w_3的值是根据企业信息系统计算的。企业信息系统根据专家对制造知识库的评价，采用层次分析法获得适应度权重，归一化的上界和下界可以从企业信息系统的历史数据或实际经验中获得。具体数值如表 2-3 所示，四种典型的生产模式分别为综合、省时、节能和减排模式。

表 2-3　四种典型生产模式的归一化上下界

模式	比较参数矩阵				w_1	w_2	w_3
综合		时长	能耗	碳排放	0. 3971	0. 2941	0. 3313
	时长	1	3	1/2			
	能耗	1/3	1	2			
	碳排放	2	1/2	1			
省时		时长	能耗	碳排放	0. 7641	0. 1210	0. 1149
	时长	1	6	7			
	能耗	1/6	1	1			
	碳排放	1/7	1	1			
节能		时长	能耗	碳排放	0. 1298	0. 7592	0. 1110
	时长	1	1/6	1/2			
	能耗	6	1	5			
	碳排放	2	1/5	1			
减排		时长	能耗	碳排放	0. 1049	0. 0965	0. 7986
	时长	1	1	1/7			
	能耗	1	1	1/9			
	碳排放	7	9	1			

2. 4. 5　动态调度单元中的多智能体系统

调度智能体对于所有动态调度单元都是公开的，而且系统中只有一个公共调度智能体。调度智能体的模型架构如图 2-4(a) 所示。在这个架构中，Batch 是一个整数变量，用于指定计划作业的数量；Jobs 是一个表格，用于指定计划作业的进程数据；Insert_Jobs 是一个表格，用于指定插入作业的进程数据。Record_Table 是一个记录作业调度条件的表格，即作业的处理顺序和分配的机器；Result_Table 是一个记录作业加工情况的表格，即加工次数、能耗和碳排放量；Makespan、TEC、TCE 和 Fitness 是记录整个制造系统调度性能的真实变量；Priority_Weights 是一个表格，用来记录通过动态调度优化获得的优先级权重系数的值。在模块方法部分，Initialization 是一种在开始时指定调度属性的方法；Prescheduling 是一种生成预调度解的方法；Rescheduling 是在中断事件发生时生成重调度解的方法；Evaluation 是最后对生产调度绩效进行评价的方法，其公式如式(4)、式(6)、式(14)所示。

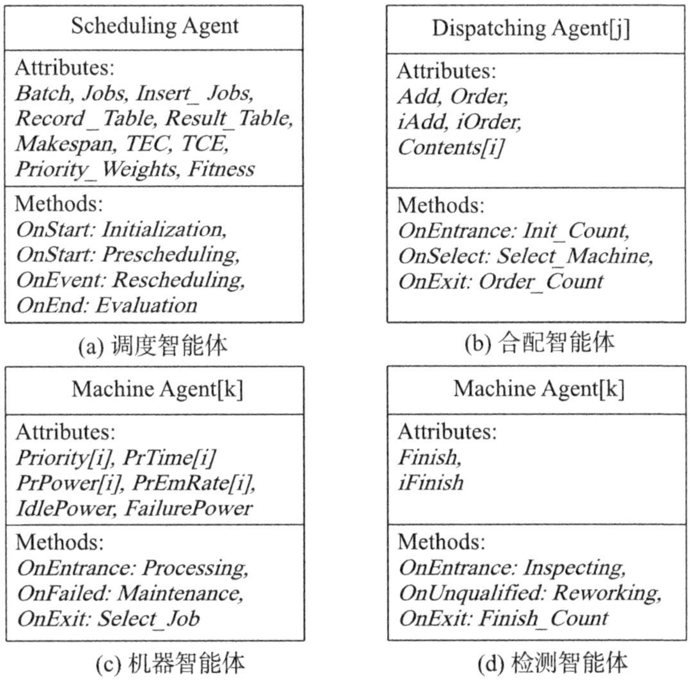

Scheduling Agent
Attributes: Batch, Jobs, Insert_ Jobs, Record_Table, Result_Table, Makespan, TEC, TCE, Priority_ Weights, Fitness
Methods: OnStart: Initialization, OnStart: Prescheduling, OnEvent: Rescheduling, OnEnd: Evaluation

(a) 调度智能体

Dispatching Agent[j]
Attributes: Add, Order, iAdd, iOrder, Contents[i]
Methods: OnEntrance: Init_Count, OnSelect: Select_Machine, OnExit: Order_Count

(b) 合配智能体

Machine Agent[k]
Attributes: Priority[i], PrTime[i] PrPower[i], PrEmRate[i], IdlePower, FailurePower
Methods: OnEntrance: Processing, OnFailed: Maintenance, OnExit: Select_Job

(c) 机器智能体

Machine Agent[k]
Attributes: Finish, iFinish
Methods: OnEntrance: Inspecting, OnUnqualified: Reworking, OnExit: Finish_Count

(d) 检测智能体

图 2-4 多智能体系统的模型架构

分配智能体对于每个动态调度单元来说都是私有的，并且每个动态调度单元都有自己的调度智能体。分配智能体的模型结构如图 2-4(b)所示。在这个架构中，Add 和 iAdd 是整数变量，分别记录进入任何调度缓冲区作业数量和该调度缓冲区的缓冲数量；Order 和 iOrder 是整数变量，分别记录离开任何调度缓冲区作业数量和该调度缓冲区的缓冲数量；Contents[i]是一个整数数组，用于在调度缓冲区中存储作业的名称。在模块方法部分，Init_Count 是一个在作业进入调度缓冲区时增加 Add 和 iAdd 的方法；Select_Machine 是一个用于从该阶段的机器中确定最适合处理单个作业的机器的方法；Order_Count 是一个在作业离开调度缓冲区时增加 iOrder 的方法；Select_Machine 是根据机器中的作业优先级确定合适的机器的方法。当调度缓冲区中只有一个作业时，该阶段的所有机器智能体都相互竞争，只有优先级值最小的可用机器有机会处理该作业。如果没有合适的机器，分配智能体将继续等待。

每个动态调度单元的机器智能体都是私有的，每个动态调度单元可以有多个自己的机器智能体。机器智能体的模型结构如图 2-4(c)所示。在这个架构中，Priority[i]、PrTime[i]、PrPower[i]和 PrEmRate[i]是实数组，分别存储本机所有作业的优先级、处理时间、平均处理功率和平均碳排放率；IdlePower 和 FailurePower 是存储本机空闲功率和故障功率的实变量。在模块方法部分，Processing 是对进入这台机器的作业进行处理的方法，Maintenance 是在机器出现故障时进行维修的一种方法；Select_Job 是用于从调度缓冲区中的作业中选择要在此机器中处理的作业的方法；Select_Job根据机器中的作业优先级选择合适的作业。当前处理的作业离开机器时，如果在此阶段调度缓冲区中有多个作业在等待，则优先级值最小的作业将被选择在这台机器中处理。如果调度缓冲区中没有剩余作业，机器智能体将继续等待。

每个动态调度单元的检查智能体都是私有的，每个动态调度单元都有自己的检查智能体。检测智能体的模型结构如图 2-4(d)所示。在这个架构中，Finish 和 iFinish 是整数变量，分别记录离开任何检查缓冲区和该检查缓冲区的合格作业的数量。在模块方法部分，Inspecting 是在工件进入检测缓冲区时对工件质量进行检测的一种方法；Reworking 是在第一阶段将不合格的作业返回到调度缓冲区进行返工的一种方法；Finish_Count 是方法，用于在作业离开检查缓冲区时增加 Finish 和 iFinish 的方法。

2.4.6 流程介绍

第一步：企业信息系统将订单任务和流程数据分配给多智能体系统。在发布订单任务时，企业信息系统需要向调度智能体发送计划作业的数量和流程数据。由式(4)、式(5)、式(6)计算目标函数时，需要企业信息系统提供加工时间 PT、平均加工功率 $\bar{p}$、平均碳排放速率 $\bar{e}$ 等加工参数，并提供空闲功率 $\bar{q}$、故障功率 $\bar{g}$ 等机器参数。由式(13)、式(14)分别计算优先级和适应度函数时，需要企业信息系统提供适应度权重系数 w_1，w_2 和 w_3。根据当前的生产方式，并提供上下限值来进行归一化操作。当作业插入事件发生时，企业信息系统需要将插入的作业数量和流程数据传输给调度智能体。

第二步：多智能体系统生成一个最优的预调度解，包括作业调度计划和优先级矩阵。调度智能体根据初始生产条件，使用算法生成最优的预调度解。该预调度解包含最佳适应度最小值处的作业调度计划和优先级矩阵。根据提出的优先级规则，当单个作业从每个阶段中匹配一台加工机器时，分配智能体会让作业选择优先级值最小的机器；当一台机器从每个调度缓冲区中选择一个要处理的作业时，机器智能体将使机器选择优先级值最小的作业。

第三步：多智能体系统实时监控和控制各处的车间的操作和车间设施，以执行生产计划。调度智能体控制源头、生产流水线和插入作业，分配智能体控制相应的调度缓冲区，机器智能体控制相应的机器，检测智能体监视和控制相应的巡检区。此步骤是一个循环过程，直到订单任务完成。当中断事件发生时，多智能体系统将根据中断事件的类型控制车间执行相应的操作，包括机器维护、作业插入和作业返工。

第四步：在中断事件发生后，多智能体系统生成一个最优调度重构解决方案，并更新优先级矩阵。在处理某一中断事件时，调度智能体根据当前生产情况生成最优的调度重构解决方案。该调度重构方案不改变预调度方案的作业顺序，而是更新预调度方案的优先级矩阵，使最佳适应度值最小化。第四步完成后，该过程将返回到第二步，进行循环。根据调度重构解决方案，多智能体系统监视和控制车间执行生产，直到订单任务完成或发生新的中断事件。

第五步：多智能体系统将调度结果反馈给企业信息系统。当订单任务完成后，多智能体系统将发送所选机器上每个作业的调度数据，包括开始时间点 St，结束时间点 C，能源消耗量 EC 和碳排放量 CE，交付给企业信息系统绘制甘特图。此外，多智能体系统将生产完成数据（包括最大完工时间 C_{max}、总能源消耗量 TEC 和总碳排放量 TCE）发送回企业信息系统，以分析调度性能。

参考文献

[1] Vieira GE, Herrmann J W, Lin E. Rescheduling Manufacturing Systems: A Framework of Strategies, Policies, and Methods[J]. Journal of Scheduling, 2003, 6(1): 39-62.

[2] R. J. Abumaizar & J. A. Svestka. Rescheduling job shops under random disruptions[J].

International Journal of Production Research, 1997.

[3]Ouelhadj D, Petrovic S. A Survey of Dynamic Scheduling in Manufacturing Systems[J]. Journal of Scheduling, 2009, 12(4): 417-431.

[4]Pinedo M, Hadavi K. Scheduling : theory, algorithms, and systems[J]. Springer Berlin Heidelberg, 1992.

[5]Vieira GE, Herrmann J W, F E L. Analytical models to predict the performance of a single-machine system under periodic and event-driven rescheduling strategies[J]. International Journal of Production Research, 2000, 38(8): 1899-1915.

[6]Kang. Multi-Agent Based Beam Search for Real-Time Production Scheduling and Control [M]. London: Springer, 2013.

[7]Tighazoui A, Sauvey C, Sauer N. Predictive-reactive Strategy for Flowshop Rescheduling Problem: Minimizing the Total Weighted Waiting Times and Instability[J]. Journal of Systems Science and Systems Engineering, 2021, 30(3): 23.

[8]Bean J C, Birge J R, Mittenthal J, et al. Match-Up Scheduling with Multiple Resources [J]. Release Dates and Disruptions, 1991, 39(3): 470-483.

[9]Kutanoglu E, Sabuncuoglu I. Routing-based reactive scheduling policies for machine failures in dynamic job shops[J]. International Journal of Production Research, 2010.

[10]Kundakci N, Kulak O. Hybrid genetic algorithms for minimizing makespan in dynamic job shop scheduling problem[J]. Computers & Industrial Engineering, 2016, 96(6): 31-51.

[11]Vieira GE, Herrmann J W, F E L. Analytical models to predict the performance of a single-machine system under periodic and event-driven rescheduling strategies[J]. International Journal of Production Research, 2000, 38(8): 1899-1915.

[12]Panwalkar S S, Iskander W. A survey of scheduling rules[J]. Operations Research, 1977, 25(1): 45-61.

[13]Mehta S V. Predictable scheduling of a single machine subject to breakdowns[J]. Inter-

national Journal of Computer Integrated Manufacturing, 1999, 12(1): 15-38.

[14]Mehta S V. Predictable scheduling of a single machine subject to breakdowns[J]. International Journal of Computer Integrated Manufacturing, 1999, 12(1): 15-38.

[15]Herroelen W, Leus R. Project scheduling under uncertainty: Survey and research potentials[J]. European Journal of Operational Research, 2005, 165(2): 289-306.

[16]Gao H. Building robust schedules using temporal protection: An empirical study of constraint-based scheduling under machine failure uncertainty[J]. 1997.

[17]Jorge Leon V, David Wu S, Storer R H. Robustness measures and robust scheduling for job shops[J]. IIE Transactions, 1994, 26(5): 32-43.

[18]Parunak H. Manufacturing Experience with the Contract Net[J]. Distributed Artificial Intelligence, 1987: 285-310.

[19]Sandholm T W. Automated contracting in distributed manufacturing among independent companies[J]. Journal of Intelligent Manufacturing, 2000, 11(3): 271-283.

[20]Maturana F, Shen W, Norrie D H. MetaMorph: an adaptive agent-based architecture for intelligent manufacturing[J]. International Journal of Production Research, 1999, 37(10): 2159-2173.

[21]Shen W, Maturana F, Norrie D H. MetaMorph II: an agent-based architecture for distributed intelligent design and manufacturing[J]. Journal of Intelligent Manufacturing, 2000, 11: 237-251.

[22]J, Sun, et al. A dynamic reactive scheduling mechanism for responding to changes of production orders and manufacturing resources[J]. Computers in Industry, 2001, 46(2): 189-207.

[23]Shi L, Guo G, Song X. Multi-agent based dynamic schedulingoptimisation of the sustainable hybrid flow shop in a ubiquitous environment[J]. International Journal of Production Research, 2021, 59(2): 576-597.

第3章 仓储管理重构

3.1 背景描述

本章介绍仓储管理中的重构问题。顾名思义，仓储管理是对仓库和仓库中储存的物资进行管理，包括产品从进入仓库到离开仓库的全部流程。作为物流管理的核心组成部分和供应链管理的重要环节，仓储管理中的主要问题主要包括库存补货、仓库布局以及订单拣选。其中，库存补货问题指的是，在一个零售供应链中，仓库在什么时候下单补货、补多少货，以应对可能发生的未来需求；仓库布局问题研究仓库内部的基本结构，例如，仓库内部的拣选区、存储区等如何分配、仓库内部的货架如何摆放、每个货架应当有多少个货位等；而订单拣选问题则更加细致，具体到不同产品应当被放到不同的货位，以及产品被放到货位或从货位取出时的路径如何规划。

仓储管理重构的必要性来自需求，包括入库需求和出库需求的不确定性。在不同时间段，同一个仓库中所存储产品的数量、种类、大小各不相同，因此对库位的个数、仓库的分布以及库位尺寸有着不同的要求。传统的仓储管理策略往往是静态、不随时间变动的。相关研究通常只考虑近期的需求，因此会造成储存空间、拣选能力方面的浪费，甚至会出现失效的情况。例如，在库存补货问题中，经典的策略包括经济订货批量方法，周期盘点的(s, S)方法，以及连续盘点的(r, Q)方法。通常来讲，这些策略中的参数，例如s、S、r、Q，在一定时期内是固定的。然而，为了应对不同的市场需求，需要对仓库中的补货进行动态调整。一个简单的例子是，在大型促销、购物节等活动之前，仓库需要大量补货，以应对未来的需求。在这种情况下，我们就需要进行库存补货策略的重构。在设施布局方面，一个仓库的拣选区和存储区往往是固定的。然而，当入库和出库的产品数量较少的时候，所需要的拣选区域就更小。如果拣选区域过大，会导致工作人员需要走很长一段路才能到达存储区，从而造成人力和时间的浪费。类似地，需要存储的产品数量和大小也会影响具体的库位设计。当存储货物大多为尺寸较小的产品时，货位的尺寸也应适当缩小，以避免仓储空间的浪费。然而，如果货位尺寸过小，又很可能出现某些产品放不进货位的情况。因此，根据未来一段时间入库或出库的产品的性质，可以对仓库的库位分配进行重构。

仓储管理重构相关研究的发展与科学技术的发展紧密相关。首先，随着信息系统、数据科学和机器学习技术的发展，仓储需求预测变得越来越精确，从而为仓储系统的重构提供了时间。同时，仓库的形式和结构也在不断迭代进化。早期的仓库中，货架的尺寸和位置往往是固定的，短期内很难改变或移动。近期出现了一些新的仓库形式，例如可以调整货架高度的立体货架，以及方便货架移动的 KIVA 仓库，这进一步提高了仓储管理重构的可能性。

在本章中，我们首先介绍仓储管理中的典型问题，包括数学模型的建立，以及常见的精确或启发式算法。之后，我们重点介绍单个仓库中的仓储管理重构，包括库存重构、仓储布局重构和库位分配的动态重构。最后一节中，我们介绍与传统仓储管理不同的两个新案例：一个是物流网络中多个仓库之间的库存重构，即如何在多个仓库之间动态调货；另一个是共享单车的库存重构，即无仓库的库存管理与重构。可以肯定的是，随着新技术和新的商业模式不断出现，仓储管理重构的内容也将被不断更新。

3.2 仓储管理中的典型问题

3.2.1 库存补货问题

3.2.1.1 问题简介

库存补货问题是仓储管理的一个核心问题。简而言之，该问题主要研究在某个特定仓库或者仓储网络中的补货策略，仓库中的产品需要用来满足随机的市场需求。一般来说，补货问题的目标函数为最小化一段时间内的总库存成本或者平均库存成本。假定补货量为 Q，决策期初的库存水平为 x，决策期内的市场需求为 y，那么对应的成本主要包括：

(1)购买成本 k，通常是订货量 Q 的函数，即：

$$k(Q)=\begin{cases}0 & Q=0\\ K+cQ & Q>0\end{cases}, \tag{1}$$

其中 K 是每次购买的固定成本，c 是每件产品的单价。

(2)库存成本 $h\cdot\max(x+Q-y,\ 0)+r\cdot\min(x+Q-y,\ 0)$，其中，$h$ 为单位库存的持货成本，r 为单位缺货的惩罚成本。$x+Q-y$ 是决策期结束时总库存与总需求之差，如果为正，代表库存大于需求、依然有剩余库存，产生的是持货成本；如果为负，代表库存小于需求，产生缺货，对应的成本为缺货成本。

值得一提的是，对于缺货的情况，不同模型有不同的假设。一部分模型假设需求流失(Lost Sales)，因此惩罚成本相对较高。这种情况大多发生在竞争激烈的情况，也就是说，当某个零售商缺货时，顾客会转向其他渠道购买，购买后需求消失。另一部分模型假设需求没有流失，只是被推迟了(Back Logging)，此时惩罚成本较低。这种情况通常发生在垄断的场景下，即顾客无法转向其他渠道购买，因此，在缺货时，顾客只能选择等待，当商品再次补货后完成购买。最后，一些近期的研究考虑了替代品之间需求转移的情况，即当某个产品的库存不足时，顾客会转向购买功能相近的替代品。在这种情况下的库存补货需要对多个相关商品进行联合决策，在本章中我们对此暂时不做考虑。

下面我们对常见的补货问题进行建模，并介绍对应的计算方法。根据需求是确定的还是随机的，常见补货策略可以被分成静态补货策略和动态补货策略。对前者，我们介绍一个简单的经济订货批量模型；对后者，我们介绍两种常见的问题设置，即定期盘点和连续盘点，二者对应的常见策略分别为(s, S)策略和(r, Q)策略。

3.2.1.2　静态补货：经济订货批量

在静态补货问题中，将来的市场需求被假定为确定和稳定的，因此对应的补货策略也是确定的。其中最常见的静态补货模型为经济订货批量模型(Economic Order Quantity，EOQ)，其假定需求以固定速率 λ 稳定到达，需要决策订货的周期和订货量。假定订货量为 Q，订货周期为 T，那么，为了最小化库存成本、同时避免缺货的产生，我们有：

$$T=\frac{Q}{\lambda} \tag{2}$$

订货的目标函数为最小化平均成本，其数学表达式为：

$$g(Q)=\frac{K\lambda}{Q}+\frac{hQ}{2} \tag{3}$$

其中第一项是购买成本，第二项是决策期内的持货成本。显然地，我们有：

$$\frac{\partial\ g(Q)}{\partial\ Q}=-\frac{K\lambda}{Q^2}+\frac{h}{2},\ \frac{\partial\ ^2g(Q)}{\partial\ Q^2}=\frac{2K\lambda}{Q^3}>0 \tag{4}$$

因此 $g(Q)$ 是关于 Q 的严格凸函数。令 $\frac{\partial\ g(Q)}{\partial\ Q}=0$，我们得到最优的经济订货批量：

$$Q^*=\sqrt{\frac{2K\lambda}{h}} \tag{5}$$

对应的订货周期为 $t^*=\sqrt{\frac{2K}{h\lambda}}$，最低成本 $g(Q^*)=\sqrt{2K\lambda h}$。

3.2.1.3 动态补货：定期盘点的(s，S)策略

与静态补货相比，动态补货假定未来的需求是不稳定的，即不同时间段的需求是不一样的，这更加贴合库存管理的实际情况，因此在实践中有着更为广泛的应用。根据库存监测和补货决策可行域的不同，对应的模型分为定期盘点和连续盘点。定期盘点问题中，连续的时间被划分成离散的时间段，在每个时间段的开始，我们盘点当前的库存水平，并决策最优补货量，对应的补货策略被称为周期性补货策略。当所有决策期的需求都已知时，周期性补货问题可以被建模成一个简单的混合整数规划问题。假定决策期包括 $t=1$，…，T 个时期，每个时期的订货指示变量为 y_t(如果订货，则 $y_t=1$；否则 $y_t=0$)；订货量为 q_t，需求为 d_t，期初库存为 x_t，则目标为最小化决策期内的总成本 g 时，我们可以建立如下数学模型：

$\min_{y_t, q_t, \forall t} g = \sum_{t=1}^{t} Ky_t + h(x_t + q_t - d_t)^+ + r(d_t - x_t - q_t)^+$	(6)
subject to $x_{t+1} = x_t + q_t - d_t \quad \forall t = 1, \cdots, T-1,$	(7)
$q_t \leqslant My_t \quad \forall t = 1, \cdots, T,$	(8)
$x_t \geqslant 0, \ q_t \geqslant 0, \ y_t \in \{0, 1\} \quad \forall t = 1, \cdots, T$	(9)

在现实生活中，未来的需求往往是不知道的，因此，我们假定它是一个服从特定分布的随机变量，用 D_t 表示。在这种情况下，多周期的库存模型通常被建模为一个动态规划问题。当总的决策期为 T 时，我们用 $g_t(x_t)$ 表示从第 t 期一直到第 T 期的期望总成本，其中 x_t 为对应的初始库存，那么在不考虑资金折旧的情况下，目标函数的数学表达式为：

$g_t(x_t) = \min_{q_t \geqslant 0, y_t = \{0, 1\}} \Big\{ Ky_t + cq_t + h\int_0^{x_t+q_t} (x_t + q_t - D_t) f(D_t) \mathrm{d}D_t + r\int_{x_t+q_t}^{\infty} (D_t - x_t - q_t) f(D_t) \mathrm{d}D_t + \gamma E_{D_t}[\theta_{t+1}(x_t + q_t - D_t)] \Big\}$	(10)

可以看到，第 t 期的决策与第 $t+1$ 期的决策紧密相关，因此在求解时，通常需要用逆向倒推的方式，即先求出初始库存时最后一期的最优策略，然后再求解 $T-1$ 期的策略，如此往复。

在实践中，最典型的周期性补货策略为 (s, S) 策略，即如果盘点时的库存水平小于再补货点 s，则补货到 S；否则不补货。当补货的提前期为 0 时，再补货点 $s=0$。在这种情况下，如果决策周期 $T=1$ 或 ∞，那么对应的问题可以被简化为经典的报童问题。在这种情况下，通常来讲，决策变量为库存水平，即初始库存与订货量之和，其数学表达式为 $S=x+q$；目标函数只考虑相关的库存成本，因此对应的数学表达式为：

$g(S) = \min_S \Big\{ h\int_0^S (l - D) f(D) \mathrm{d}D + r\int_S^{\infty} (D - S) f(D) \mathrm{d}D \Big\}$	(11)

对目标函数求导，可以得到：

$\frac{\partial g(S)}{\partial S}=hF(S)+r(F(S)-1), \frac{\partial^2 g(S)}{\partial S^2}=(h+r)f(S)\geqslant 0$	(12)

因此 $g(S)$ 是关于 S 的严格凸函数。与 EOQ 模型的求解类似，我们令 $\frac{\partial g(S)}{\partial S}=0$，得到最优的库存水平：

$S^*=F^{-1}\left(\frac{r}{h+r}\right)$	(13)

对于更加一般的情况，最优的 (s, S) 策略可以通过 Zheng 和 Federgruen 提出的算法进行求解。假定单个周期的期望成本为 $G(x)$，其中 x 是初始库存，x^* 是最小化 $G(x)$ 的唯一最优解，$\mathrm{cost}(s, S)$ 是 (s, S) 策略下的长期平均成本，那么通过简单的推导，我们有：

$\mathrm{cost}(s, S) = M(S-s)K+\sum_{j=0}^{S-s-1} m(j)G(s-j)$	(14)

其中，$m(0)=\frac{1}{1-f(0)}$，$M(0)=0$，$m(j)=\sum_{i=0}^{j-1} f(i)m(j-i)$，$M(j)=M(j-1)+m(j-1)$。那么，$(s, S)$ 策略的精确求解算法如下所示：

算法 1　(s, S) 策略的精确求解算法

第 1 步：令 $s=x^*$，$S_0=x^*$。

第 2 步：不断减小 s，直至 $\mathrm{cost}(s, S_0)\leqslant G(s)$。

第 3 步：令 $s_0=s$，$\hat{S}=S_0$，$\hat{s}=s_0$，$\mathrm{cost}_0=\mathrm{cost}(\hat{s}, \hat{S})$；$S=\hat{S}+1$。

第 4 步：当 $G(S)\leqslant \mathrm{cost}_0$ 时：

如果 $\mathrm{cost}(\hat{s}, S)<\mathrm{cost}_0$：

令 $\hat{S}=S$；

当 $\mathrm{cost}(s, \hat{S}) \leqslant G(s+1)$ 时：

令 $s=s+1$；

令 $\hat{s}=s$，$\mathrm{cost}_0=\mathrm{cost}(\hat{s}, \hat{S})$；

令 $S=S+1$；

返回 $\hat{s}$，$\hat{S}$。

3.2.1.4 动态补货：连续盘点的 (r, Q) 策略

与定期盘点的周期性补货相比，在连续盘点中，仓库的库存情况是实时动态监测的，其补货决策可以在任意时间点给出。通常来讲，我们假设从下单补货到补货完成有一个非负的、随机的提前期，用 L 表示。相关研究通常将其建模成一个稳定状态下的单步优化问题，此时最典型的策略为 (r, Q) 策略，即当库存降低至 r 时订货，订货量为 Q。事实上，Zipkin 已经证明，当库存成本符合 3.2.1.3 节中所述结构，最优的 (r, Q) 策略就是整体问题的最优策略。在此，我们假定需求到达服从一个速率为 λ 的泊松过程，提前期内的需求总量为 d_{all}，目标函数为最小化下一次补货前的平均成本，那么问题可以被建模为

$$\min_{r, Q} g(r, Q) = \frac{K\lambda}{Q} + \frac{h}{Q}\int_{r}^{r+Q} E[(y - d_{\mathrm{all}})^{+} \mathrm{d}y] + \frac{s}{Q}\int_{r}^{r+Q} E[(d_{\mathrm{all}} - y)^{+} \mathrm{d}y] \tag{15}$$

Federgruen 和 Zheng 证明了目标函数 $g(r, Q)$ 是关于 r 和 Q 的联合凸函数。因此，当 Q 固定时，可以通过简单的二分法求得精确的最优再订货点，用 $r(Q)$ 表示。用 $H(Q)=g(r(Q), Q)$ 表示给定 Q 时的最小成本。那么，当需求分布为连续时，(r, Q) 策略的精确求解算法如下所示。

算法 2 (r, Q)策略的精确求解算法

第 1 步：令 $\underline{Q}=Q_d^*=\sqrt{\frac{2K\lambda(h+s)}{sh}}$，$\overline{Q}=Q_0$，其中，$Q_0$ 是 $Q(H(Q)-g(r(S^*), S^*))=2K\lambda$ 的唯一解，$g(r(S^*), S^*)$是成本的最小值。

第 2 步：令 $Q=\frac{\underline{Q}+\overline{Q}}{2}$，$r=r(\overline{Q})$，$A=A(Q)=QH(Q)-\int_0^Q H(y)\,\mathrm{d}y$。

第 3 步：如果 $A>K\lambda$，令$\overline{Q}=Q$；否则令$\underline{Q}=Q$。

第 4 步：如果$|A-K\lambda|\leq\varepsilon$，结束循环，返回$(r, Q)$。

3.2.2 仓库布局与订单拣选

本节主要介绍仓库内部运营过程中的具体问题，主要包括仓库布局问题(Warehouse Layout Problem)和订单拣选问题。前者通常泛指仓库内部的设计问题，例如各个功能区如何设置、货架如何摆放、通道如何设计、货架的尺寸设计，以及货架与产品的匹配关系，等等。通常来讲，我们的研究对象是一个标准化的单件式仓库(Unit-load Warehouse)，即所有产品以托盘为单位进行存储和运输，每个托盘中只能存放同一种产品。此类仓库中的操作要么是取出一个托盘，要么是放置一个托盘。在仓库布局的最优化问题中，大多数研究使用最小化相关成本或平均行走距离作为目标函数；在库位分配中，常见的目标函数为最小化平均行走距离或运输时间，其他的目标函数还包括最小化仓库内部的运营成本，以及最大程度地利用空间/现有设备/人力资源等。基于以上背景，我们接下来分别介绍两类仓库布局问题及对应的数学模型与常见策略。

3.2.2.1 存储布局问题

存储布局问题(Layout of Storage Area)指的是，对一个给定尺寸的存储

区域，如何摆放货架、确定货架和通道的宽度、长度和数量，从而实现特定的优化目标。对于一个经典的、长方形布局的仓库，常见的仓库布局分为两类：沿长边方向的单排货架分布；沿短边方向的双排货架分布。如图3-1所示。假定布局所需要的成本包括单位行走距离的运营成本 C_h，单位仓库区域的成本 C_s，以及建立单位长度的外墙所需要的成本 C_p。我们对这两种仓库布局分别进行建模和分析。

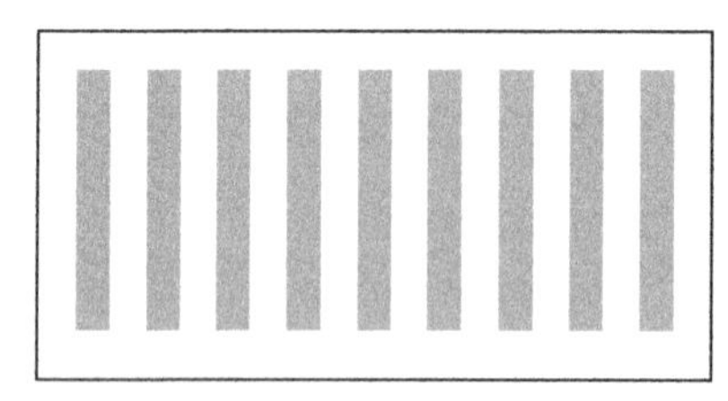
（1）沿长边方向的单排货架分布示意

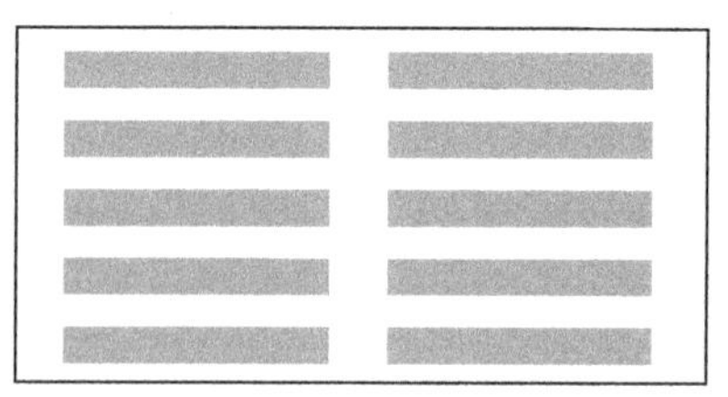
（2）沿短边方向的双排货架分布示意

图3-1　常见仓库布局示意

假定仓库的长为 u，宽为 v。货架是双面的，即两侧都可以存储托盘，宽度为 w，一个货架的横向和纵向的库位数量分别为 m 和 h，货架的数量为 n，库位的宽度为 L，那么总的仓库容量 $K=2nmh$。假定所有走廊的宽度是一致的，用字母 a 表示；期望的需求/托盘总数为 d。在任意时刻，假定需求的数量总是小于仓库的容量。

对于沿长边方向的单排货架，自然地，我们有 $u=n(w+a)$。也就是说，当仓库长度 u、货架数量 n 和货架宽度 w 固定时，走廊的宽度 a 就自然而然地被确定了。类似地，我们有 $v=2a+mL$，即当仓库的宽度 v、走廊宽度 a 和横向的库位数量 m 确定时，库位的宽度 L 也自然确定了。因此，当仓库的尺寸和货架的尺寸都确定时，我们只需要决策横向的库位数 m 和货架数量 n。考虑到 $K=2nmh$，当仓库的目标容量确定时，n 可以被写成 m 的一个函数。当拣选区被设置在长边的中点时，假定所有库位都以同样的概率被使用，那么平均的行走时间 $t_1=d\,[4a+2mL+n(w+a)]$。用下标1表示布局 1，那么以最小化总成本为目标的数学模型如下所示：

$$\min C_1 = t_1 C_h + n(w+a)(2a+mL)C_s + 2[2a+mL+n(w+a)]C_p = 4a(dC_h+C_p) + C_s S + 2L(dC_h+C_p)m_1 + \frac{(dC_n+2aC_s+2C_p)S}{Lm_1} \tag{16}$$

其中 $S=\frac{K(w+a)L}{2h}$。

最优的库位数量为：

$$m_1^* = \frac{1}{L}\sqrt{\frac{(dC_h+2aC_s+2C_p)S}{2(dC_h+C_p)}} \tag{17}$$

对应的库位数量为：

$$n_1^* = \frac{1}{w+\alpha}\sqrt{\frac{2(dC_h+C_p)S}{dC_h+2aC_s+2C_p}} \tag{18}$$

对于沿短边方向的双排货架分布(即布局 2)，类似地，我们有：

$$m_2^* = \frac{1}{L}\sqrt{\frac{(2dC_h+3aC_s+2C_p)S}{dC_h+2C_p}} \tag{19}$$

$$n_2^* = \frac{1}{w+\alpha}\sqrt{\frac{(dC_h+2C_p)S}{2dC_h+3aC_s+2C_p}} \tag{20}$$

对于图 3-1 中的两类布局，Bassan 等证明了，当 $d<\frac{C_p}{C_h}$时，布局 1 比布局 2 更优；当 $d>\frac{2C_p}{C_h}$时，布局 2 总是比布局 1 更优。事实上，对于任意一种确定好的布局方式，我们都可以算出在随机库位分配下的最优货架数量和最优成本，从而选择更好的仓库布局。当然，研究者们也在不断地提出新的货架布局设计。例如，图 3-2 展示了一个 V 形的货架设计，其中横向的行走通道被调整为斜向，从而在牺牲空间的前提下降低行走距离。

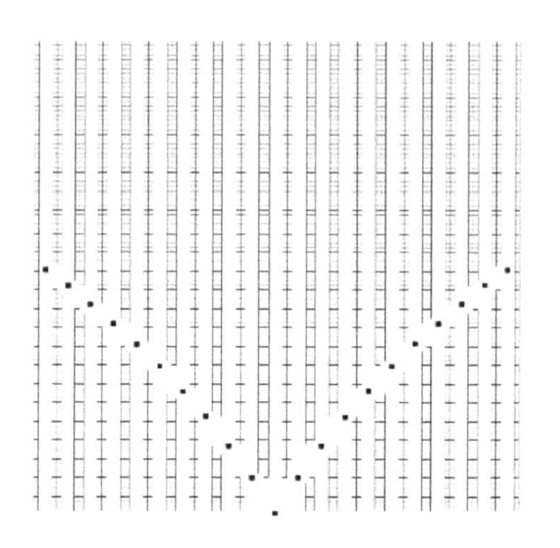

图 3-2 一种新型的货架布局设计

3.2.2.2 库位分配问题

库位分配问题(Storage Allocation Problem)指的是货架和产品的对应关系，即在已知仓库存储情况的基础上，决定将产品放在哪个库位，以最小化运输时间或运营成本。对于最简单的情况，我们假定机器或操作员到每一个库位时只能执行一个操作。那么单件式仓库对应的库位分配问题的数学模型为：

$\min \sum_{i=1}^{M} \sum_{j=1}^{N} c_{ij} x_{ij}$	(21)
subject to $\sum_{j=1}^{N} x_{ij} = 1, \ \forall i$	(22)
$\sum_{i=1}^{M} b_i x_{ij} \leqslant 1, \ \forall j$	(23)
$x_{ij} \in \{0, 1\} \ \forall i, j$	(24)

其中，$i \in \{1, \cdots, M\}$ 代指运输产品的托盘，$j \in \{1, \cdots, N\}$ 代指可供选择的库位。b_i 指的是托盘 i 的存储情况，当 $b_i = 1$ 时，托盘 i 在仓库中，

否则$b_i \neq 1$。c_{ij}指的是将托盘i放置到库位j所产生的成本；x_{ij}是决策变量，如果$x_{ij}=1$，则将托盘i放置到库位j上。

在实际情况中，一个操作员或机器通常可以连续在多个库位进行操作，例如，操作员可以驾驶机器先从库位1放置或取出产品，然后再去库位2放置或取出产品，如此反复数次，最后返回拣选区。也就是说，库位分配问题往往和订单拣选紧密相关，我们将会在下一节中进行详细的介绍。对于单独的库位分配问题，传统的分配策略通常是启发式的规则，大致可以分为以下五类。

(1)随机分配策略(Random Allocation)，即随机分配一个空库位进行存储。这个策略导致了很高的空间使用率，同时增加了工人的旅行距离。

(2)最近空库位策略(Closest Open Location Storage)，即工人会选择现有最近的空库位进行存储。这通常会导致仓库里的货架在入库区周围都是满的，之后逐渐空出，其性能与随机分配策略相似。

(3)专用存储策略(Dedicated Storage)，即产品与库位相互绑定，每个产品只能放置到固定的库位上。在这种情况下，工人更加熟悉产品的位置，因此拣选的效率可能增加。然而，专用存储策略要求我们为每种产品预留足够的空间，也就是说，即使在没有库存的情况下，依然需要预留相当多的库位，因此空间利用率很低。

(4)完全周转率存储策略(Full-turnover Storage)，即完全根据产品的周转率分配库位。周转率高的产品被放置在距离入库/出库更近的地方，而周转率低的产品则放置在仓库深处。该策略是一个理论上相对有效的方法，然而，在应用中，产品的种类经常变化，新产品的周转率数据往往是未知的。

(5)分类存储(Class-based Storage)，即根据产品的类别分配库位，可以被看作是专用存储策略和完全周转率存储策略的结合。我们首先对产品进行分类，然后根据产品的类别而不是具体产品进行分类存储。最常见的分类指标是货物的订单体积指数(Cube-Per-Order Index)，简称COI指数，其被定义为一段时期内存储某种货物所需要的全部存储空间与该货物的周转率之比。一般来讲，我们将分类的类别限制在3个以内，从而降低应用的困难程度。

3.2.2.3 订单拣选问题

订单拣选指的是当市场需求或客户订单到达后，在仓库中所执行的一系列满足订单需求的操作，包括对客户订单进行分组、将库存分配给订单并生成拣选清单、从具体库位拣选物品，以及将拣选物品运输至拣选区完成分拣、打包和贴标。在标准的单件式仓库中，主要存在两类拣选方式。第一类是拣货员到产品(Picker-to-Parts)，即货架不动、拣货员沿着过道行走或开车来拣选货物。此类方式对技术要求不高、工作灵活度强，是目前最常见的拣选方式。第二种是产品到拣货员(Parts-to-Picker)，即拣货员在固定的分拣区域不动，KIVA机器人或带有自动存储和检索系统的过道式起重机将整个货架或货位带到分拣区域，在工人完成分拣后再恢复原状。产品到拣货员的拣选方式减少了拣货员的工作量，但灵活性不够强，当订单量较高时很可能会延长整个订单的完成时间。

在拣货员到产品的拣选方式中，拣货员通常开着具有一定容量的拣选车在仓库中进行拣货，因此可以按照一定路径拣选多个货物之后返回拣选区，对应的问题叫作单拣货员的路径规划问题(Single Picker Routing Problem，SPRP)。

为了简便，我们只考虑需要被挑选的库位所在的方形范围，即忽略所有最左侧拣选产品左侧及最右侧产品右侧的货架和过道。简化后的拣选区

域用集合 $J=\{0, \cdots, m-1\}$ 表示，其中每一个索引代表从左到右编号的 m 条走道。每个走道 $j \in J$ 有 n 个可用的拣选位置，从上到下编号，集合为 $i_j=\{0, \cdots, n-1\}$。我们暂时不考虑库位的高度问题。拣选的起始点和终点（depot）的位置用 $(l, \hat{\theta})$ 表示。其中，l 指的是所在走道的索引，$\hat{\theta}$ 指的是上端还是下端。不失一般性地，我们假定 $\hat{\theta}=1$ 时，起始点被设置在顶部通道；$\hat{\theta}=0$ 时，起始点被设置在底部通道。一个具体的实例如图 3-3 所示。在这个例子中，$l=3$，$\hat{\theta}=0$。

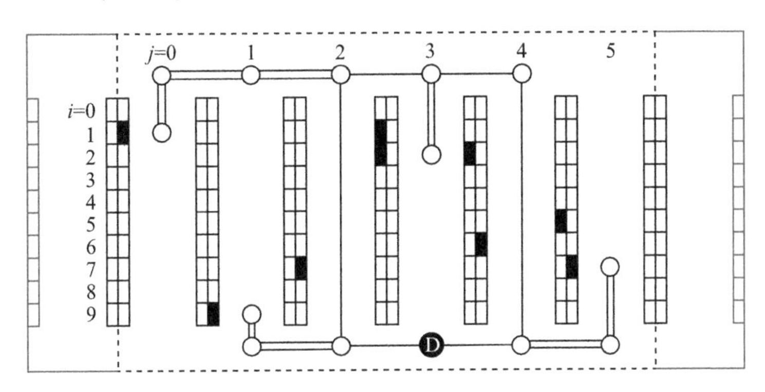

图 3-3　一个 SPRP 问题最优解的实例

那么，我们使用以下六个 0-1 决策变量。

（1）$\overline{\overline{x}}_j$：代表走廊 j 是否仅在顶部被来回穿越两次，如果是则 $\overline{\overline{x}}_j=1$，否则为 0；

（2）$\underline{\underline{x}}_j$：代表走廊 j 是否仅在底部被来回穿越两次，如果是则 $\underline{\underline{x}}_j=1$，否则为 0；

（3）$\overline{\underline{x}}_j$：代表走廊 j 是否在顶部和底部各自被穿越一次，如果是则 $\overline{\underline{x}}_j=1$，否则为 0；

（4）$\overline{\overline{\underline{\underline{x}}}}_j$：代表走廊 j 是否在顶部和底部各自被穿越两次，如果是则 $\overline{\overline{\underline{\underline{x}}}}_j=1$，否则为 0；

（5）x_{ji}^{up}：代表是否在走廊 j 从顶部往返拣选位置 i，如果是则 $x_{ji}^{up}=1$，

否则为 0；

(6) x_{ji}^{down}：代表是否在走廊 j 从底部往返拣选位置 i，如果是则 $x_{ji}^{\text{down}}=1$，否则为 0。

对于以上六个操作，我们假定对应的成本分别为 $\overline{\overline{c}}_j$、$\underline{\underline{c}}_j$、$\overline{\underline{c}}_j$、$\overline{\overline{\underline{\underline{c}}}}_j$、$c_{ji}^{\text{up}}$ 和 c_{ji}^{down}。此外，我们假定 x_j^{I} 和 x_j^{II} 分别代表走廊 j 被完全穿越一次或两次，用 π_j^{up} 和 π_j^{down} 表示相当于走道 j 在顶部和底部的连接度。我们还引入 0-1 变量 τ_j，如果从仓库中最左边的相关通道到通道 j 的拣选行程是相连的，则该变量等于 0；如果该拣选行程由两个部分组成，则等于 1。

在图 3-3 中，我们有 $x_{01}^{\text{up}}=\overline{\overline{x}}_0=x_{19}^{\text{down}}=\overline{\overline{\underline{\underline{x}}}}_1=x_2^i=\overline{\underline{x}}_2=x_{32}^{\text{up}}=\overline{\underline{x}}_3=x_4^i=\underline{\underline{x}}_4=x_{57}^{\text{down}}=1$。之后，我们可以建立一个复杂的数学模型。以最小化拣选路径的总成本为目标，其可以被写成：

$$\min\sum_{j\in J}\overline{\overline{c}}_j\times\overline{\overline{x}}_j+\underline{\underline{c}}_j\times\underline{\underline{x}}_j+\overline{\underline{c}}_j\times\overline{\underline{x}}_j+\overline{\overline{\underline{\underline{c}}}}_j\times\overline{\overline{\underline{\underline{x}}}}_j+\sum_{j\in J}\sum_{i\in i_j}\left(c_{ji}^{\text{up}}x_{ji}^{\text{up}}+c_{ji}^{\text{down}}x_{ji}^{\text{down}}\right)\tag{25}$$

标准 SPRP 问题的约束如表 3-1 所示。

表 3-1 标准 SPRP 问题的约束

公式	条件	编号	含义
$\overline{\overline{x}}_j+\underline{\underline{x}}_j+\overline{\underline{x}}_j+\overline{\overline{\underline{\underline{x}}}}_j=1$	$j\in J\backslash$	(26)	保证拣货员使用四种交叉过道配置中的一种访问仓库的相关部分
$x_j^{\text{I}}+x_j^{\text{II}}+\sum_{i'\in i_j;\ i'\geqslant i}x_{ji'}^{\text{up}}+\sum_{i'\in i_j;\ i'\leqslant i}x_{ji'}^{\text{down}}\geqslant 1$	$j\in J,\ i\in i_j$	(27)	确保拣选员访问所有需要的拣选位置

续表

公式	条件	编号	含义
$[\underline{\underline{x_{j-1}}}+\underline{\overline{x_{j-1}}}+\underline{\underline{\overline{\overline{x_{j-1}}}}}]_{j>0}+\underline{\underline{x_j}}+\underline{\overline{x_j}}+\underline{\underline{\overline{\overline{x_j}}}}\geqslant x_{ji}^{\text{down}}$	$i\in i_j$; 如果 $\hat{\theta}=1$，$\{j\in J\}$； 否则$\{j\in J\setminus \}$	(28)	只有在 j 与前一个或后一个使用底层(顶层)交叉走道配置的走道相连时，才能从底层(顶层)交叉走道进入 j 走道的垂直分支并进行拣选
$[\underline{\underline{x_{j-1}}}+\underline{\overline{x_{j-1}}}+\underline{\underline{\overline{\overline{x_{j-1}}}}}]_{j>0}+\underline{\underline{x_j}}+\underline{\overline{x_j}}+\underline{\underline{\overline{\overline{x_j}}}}\geqslant x_{ji}^{\text{up}}$	$i\in i_j$; 如果 $\hat{\theta}=0$，$\{j\in J\}$； 否则$\{j\in J\setminus \}$	(29)	
$\overline{\overline{x_{j-1}}}+\underline{\underline{x_j}}\leqslant x_j^{\text{II}}+1$	$j\in J\setminus$	(30)	保证顶部和底部交叉走道之间以可行的方式连接
$\underline{\underline{x_{j-1}}}+\overline{\overline{x_j}}\leqslant x_j^{\text{II}}+1$	$j\in J\setminus$	(31)	
$2x_l^{\text{II}}+x_l^{\text{I}}+[\overline{\overline{x_{l-1}}}+\underline{\underline{\overline{\overline{x_{l-1}}}}}]_{l>0}+\overline{\overline{x_l}}+\underline{\underline{\overline{\overline{x_l}}}}\geqslant$ $[\underline{\underline{x_{l-1}}}]_{l>0}+\underline{\underline{x_l}}$	如果$\hat{\theta}=1$	(32)	确保起始点和返回点(depot)被包括在行程中
$2x_l^{\text{II}}+x_l^{\text{I}}+[\underline{\underline{x_{l-1}}}+\underline{\underline{\overline{\overline{x_{l-1}}}}}]_{l>0}+\underline{\underline{x_l}}+\underline{\underline{\overline{\overline{x_l}}}}\geqslant$ $[\overline{\overline{x_{l-1}}}]_{l>0}+\overline{\overline{x_l}}$	如果$\hat{\theta}=0$	(33)	
$[\underline{\overline{x_{j-1}}}+2\underline{\underline{\overline{\overline{x_{j-1}}}}}+2\overline{\overline{x_{j-1}}}]_{j>0}+\underline{\overline{x_j}}+2\underline{\underline{\overline{\overline{x_j}}}}+$ $2\overline{\overline{x_j}}+2x_j^{\text{II}}+x_j^{\text{I}}=\pi_j^{\text{up}}$	$j\in J$	(34)	每个拣选通道顶部和底部的所有连接度必须是偶数，也就是说，每个位置的离开次数必须与进入次数相同
$[\underline{\overline{x_{j-1}}}+2\underline{\underline{\overline{\overline{x_{j-1}}}}}+2\overline{\overline{x_{j-1}}}]_{j>0}+\underline{\overline{x_j}}+2\underline{\underline{\overline{\overline{x_j}}}}+$ $2\underline{\underline{x_j}}+2x_j^{\text{II}}+x_j^{\text{I}}=\pi_j^{\text{down}}$	$j\in J$	(35)	
$\underline{\underline{\overline{\overline{x_j}}}}+\underline{\underline{x_{j-1}}}+\overline{\overline{x_{j-1}}}-x_j^{\text{II}}\leqslant\tau_j+1$	$j\in J\setminus$	(36)	τ_j 的相关约束
$\underline{\underline{\overline{\overline{x_j}}}}+[-\underline{\underline{x_{j-1}}}-\overline{\overline{x_{j-1}}}-\underline{\underline{\overline{\overline{x_{j-1}}}}}]_{j>0}-x_j^{\text{II}}-x_j^{\text{I}}\leqslant\tau_j$	$j\in J$	(37)	
$\tau_{j-1}-x_j^{\text{II}}-x_j^{\text{I}}\leqslant\tau_j$	$j\in J\setminus$	(38)	
$\tau_j\leqslant\underline{\underline{\overline{\overline{x_j}}}}$	$j\in J$	(39)	

续表

公式	条件	编号	含义
$\overline{\overline{x}}_j$，$\underline{\underline{x}}_j$，$\underline{\overline{x}}_j$，$\underline{\underline{\overline{\overline{x}}}}_j$，$\tau_j \in \{0, 1\}$	$j \in J \backslash$	(40)	
x_j^{II}，$x_j^{\mathrm{I}} \in \{0, 1\}$	$j \in J$	(41)	
x_{ji}^{up}，$x_{ji}^{down} \in \{0, 1\}$	$j \in J$，$i \in i_j$	(42)	变量的取值范围约束
π_j^{up}，$\pi_j^{down} \in N_0$	$j \in J$	(43)	
$\overline{\overline{x}}_{m-1}$，$\underline{\underline{x}}_{m-1}$，$\underline{\overline{x}}_{m-1}$，$\underline{\underline{\overline{\overline{x}}}}_{m-1}$，$\tau_{m-1}=0$		(44)	

可以看到，SPRP 问题的标准化建模相当复杂，对应的求解也十分困难。在实践中，通常使用的是一些简单的规则，如图 3-4 所示，常见的规则包括以下三点。

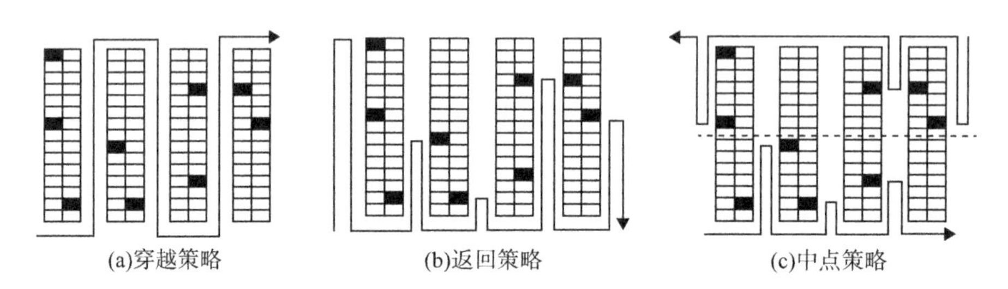

图 3-4　几种常见的订单拣选路径策略

(1)穿越策略。即从左往右进入仓库，跳过不需要拣选的通道，对需要拣选的通道完全穿越。

(2)返回策略。即从左往右进入仓库，跳过不需要拣选的通道，对需要拣选的通道，从同一个方向进入和返回。

(3)中点策略。即从左往右进入仓库，跳过不需要拣选的通道，对需要拣选的通道，从同一个方向进入和返回，具体进入的方向根据拣选物品和通道中点的相对位置决定。

3.3 单个仓库的仓储管理重构

3.3.1 需求更新下的贝叶斯库存重构

3.3.1.1 问题背景

在这一类问题中，库存重构的动机为需求学习(Demand Learning)，即随着时间不断更新的需求预测。由于需求预测是动态的，对应的库存政策更新也必须是动态的。通常来讲，需求学习的方式主要为贝叶斯学习(Bayesian Learning)。此外，考虑到需求并不总是等同于销量，需求删失(Demand Censoring)正在成为需求预测的主流方法。

贝叶斯学习的基本概念：贝叶斯学习指的是依据贝叶斯定理、通过新观察的样本不断更新随机变量后验分布的方法。其主要分为两个部分：一部分是根据历史数据确定需求的先验概率密度函数；另一部分是根据后续的新数据更新需求的概率密度函数，得到后验概率。

(1)贝叶斯定理。假设有两个随机事件 A，B，其发生的概率分别是 $P(A)$ 和 $P(B)$。那么，在事件 B 发生时事件 A 的条件概率：

$$P(A \mid B)=\frac{P(B \mid A)P(A)}{P(B)} \tag{45}$$

其中 $P(B \mid A)$ 是事件 A 发生时事件 B 的条件概率。

对于库存补货问题，假设我们要预测一系列时间段 $t=0, 1, \cdots, T$ 内对某个产品的需求 D_t。不失一般性地，假设对于每个时间段，D_t 的选择是离散的，可选值为 $\{D_{t1}, \cdots, D_{tn}\}$，对于每一个备选值，其初始的发生概率(即先验概率)为 $\{P(D_{t1}), \cdots, P(D_{tn})\}$。在第二期的期初，第一期产生的实际需求 D_1 已知。由此更新：

$$P(D_{2i} \mid D_1) = \frac{P(D_1 \mid D_{2i})P(D_{2i})}{P(D_1)} = \frac{P(D_1 \mid D_{2i})P(D_{2i})}{\sum_i P(D_1 \mid D_{2i})P(D_1)} \tag{46}$$

类似地，在第 t 期的期初，第 1，…，$t-1$ 期产生的实际需求已知，由此更新：

$$P(D_{ti} \mid D_1, \cdots, D_{t-1}) = \frac{P(D_1, \cdots, D_{t-1} \mid D_{ti})P(D_{ti})}{P(D_1, \cdots, D_{t-1})} \tag{47}$$

(2)需求删失。需求删失是贝叶斯学习的一种特殊形式。它通过历史的销量数据来更新需求的分布。请注意，与传统的贝叶斯学习相比，需求删失考虑到了缺货的影响，也就是说，销量为需求和库存中的最小值。假定需求 D_t 依赖于某个未知参数 θ，θ 的先验分布为 $\pi(\theta)$。给定时期 t 和参数 θ，需求的概率密度函数为 $f(\cdot \mid t, \theta)$，累计密度函数为 $F(\cdot \mid t, \theta)$。同时，假定期初库存为 x，观测到事件 $O(x)=\{s, e\}$，其中 $s=\min\{D, y\}$ 代表实际的销售额，$e=1_{\{D\geqslant y\}}$ 代表是否缺货。那么：

$$l(O(x) \mid \theta) = \begin{cases} f(s \mid 1, \theta) & e=0, s<x \\ \bar{F}(y-1 \mid 1, \theta) & e=1, s=y \end{cases} \tag{48}$$

并且有更新后的参数 θ 的分布：

$$\pi'(\theta) = \frac{l(O(x) \mid \theta) \cdot \pi(\theta)}{\sum_i l(O(x) \mid \theta_i) \cdot \pi(\theta_i)} \tag{49}$$

3.3.1.2 简化模型：需求更新下的多期报童问题

Eppen 和 Iyer 首先在经典报童模型的基础上研究了需求更新下的多期报童问题，其中需求预测通过贝叶斯方法更新。该问题包括 N 个决策期，其中各期的需求是随机的。在第一期的期初，我们可以选择购买一定数量的产品，单位购买成本为 c，售价为 r。每一期的期末，剩余库存会产生持货成本，第 t 期的单位持货成本为 h_t，售价为 r_t。在第 N 期的期末，所有产品都会被抛售一空，即最终的剩余库存为0。此外，在每一期的期初，报童可以以 c_t 的成本额外购入产品。不失一般性地，我们假设 $c<c_t$，$r_1<c$，且 c_t 随着时间单调增加，r_t 随时间单调减少。当库存无法满足需求时，需求流失，损失成本为 π。则对第 t 期，假定期初库存为 x，决策变量为库存水平 y，则问题可以被建模为：

$$f_t(x, D_{t-1}) = \begin{cases} \max\limits_{y\geq 0}\left\{\pi x - c_t y + \sum\limits_i f_{t+1}(y, D_t = i)\right\} & x < 0 \\ \max\begin{cases} \max\limits_{y\geq x}\left\{-h_{t-1}x - c_t(y-x) + \sum\limits_i f_{t+1}(y, D_t = i)\right\} & x \geq 0 \text{且购入}(y-x)\text{件产品} \\ \max\limits_{y\geq x}\left\{-h_{t-1}x + r_{t-1}(x-y) + \sum\limits_i f_{t+1}(y, D_t = i)\right\} & x \geq 0 \text{且售出}(x-y)\text{件产品} \end{cases} \end{cases} \tag{50}$$

其中 $f_t(x, D_{t-1})$ 指的是在 $t\sim N$ 期给定初始库存 x 和已知需求 D_{t-1} 时的最大期望收益。

针对这个问题，Eppen 和 Iyer 提出了一个有效的启发式算法。为了简便，我们考虑一个只有三个时期的最简单的情况。这种情况可以很容易地被拓展到第 N 期的情况。该算法的主要步骤如下所示：

算法3　多期报童问题的启发式算法

第1步：令 $\Phi_0(x) = \sum\limits_i P(D_{1i})\,\Phi_{i(1,3)}(x)$，即使用先验分布 p_{t1} 生成的三期总需求的累积密度分布函数。选择满足式(a)

$$\Phi_0(x) \geq \frac{r+\pi-[c+f_2 h_1+f_3(h_1+h_2)]}{r+\pi+f_1(h_1-r_1)+f_2(h_2-r_2)+f_3(h_3-r_3)} \tag{a}$$

的最小 x，令第一期的库存水平 $i_0=x$。

第 2 步：令 $\Phi_1(x \mid D_1)= \sum_i P(D_{2i} \mid D_1)\Phi_{i(2,3)}(x)$，即在观察到第一期需求 D_1 后，生成的二期到三期总需求的累积密度分布函数。选择满足式(b)

$$\Phi_1(x \mid D_1) \geqslant \frac{r+\pi-r_3-\frac{h_2 f_3}{f_2+f_3}}{r+\pi+\frac{f_2(h_2-r_2)+f_3(h_3-r_3)}{f_2+f_3}} \tag{b}$$

的最小的 x，令第二期的库存水平 $U_2(D_1)=x$。

第 3 步：令 $\Phi_2(x \mid D_2)= \sum_i P(D_{3i} \mid D_1, D_2)\Phi_{i(3,3)}(x)$，即在观察到第二期需求 D_2 后，生成的第三期需求的累积密度分布函数。选择满足式(c)

$$\Phi_2(x) \geqslant \frac{r+\pi-r_2}{r+\pi+h_3-r_3} \tag{c}$$

的最小的 x，令第三期的库存水平 $U_3(D_2)=x$。

3.3.1.3 现实案例：狄乐百货的动态库存策略

我们最后展示一个现实案例——狄乐百货(Dillard's)的动态库存系统。其拥有一个两阶段的仓库网络，包括上游仓库和零售门店，网络中的商品流向是固定的，不考虑缺货时的跨级和同级调拨。其动态补货的主要流程如图 3-5 所示，这也是大多数考虑需求更新的库存系统的通用框架。其核心包括两点：一是如何通过历史数据更新需求估计；二是如何根据更新后的需求进行补货决策。

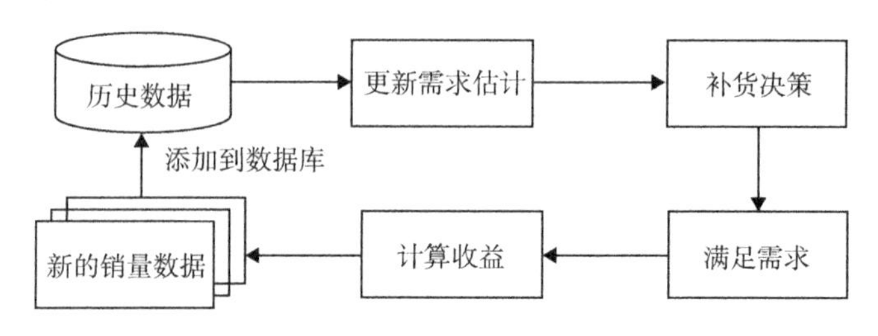

图 3-5 狄乐百货考虑需求更新时的库存策略示意图

狄乐百货采用加权的泊松回归来更新需求估计，其中需求由到达率 λ 刻画。假定我们有历史数据 $\{(x_1^i, y_1^i), i=1, \cdots, N_1\}$ 和近期数据 $\{(x_2^i, y_2^i), i=1, \cdots, N_2\}$，其中 x 代表特征向量，y 代表实际销量。假定泊松回归的参数为 β，则两批数据的对数似然函数分别为：

$$l_1(\beta) = \sum_{n=1}^{N_1}[y_1^n\beta^t x_1^n - e^{\beta^t}x_1^n - \log(y_1^n!)],\ l_2(\beta) = \sum_{n=1}^{N_1}[y_2^n\beta^t x_2^n - e^{\beta^t}x_2^n - \log(y_2^n!)] \tag{51}$$

考虑到模型的复杂度和对近期数据的偏好，因此我们建立以下模型：

$$\max_{\beta} l_1(\beta)+w\,l_2(\beta)+\alpha||\beta|| \tag{52}$$

其中 w 代表对近期数据的偏好程度，$\alpha||\beta||$ 代表控制模型复杂度的正则项。作为似然估计的典型问题，该模型可以通过 EM 算法求解。在得出最优的 β 后，更新的需求到达率为：

$$\lambda(x) = e^{\beta^t x} \tag{53}$$

其中 x 是新观测到的特征向量。

在更新后的需求估计的基础上，狄乐百货使用考虑学习的平均需求启发式策略(Mean Demand Heuristic with Learning Policy，MDHL)来做出补货决策。具体来说，MDHL 策略根据更新后的需求预测，将多阶段的补货问题简化成一个两阶段问题：阶段 1 为当前时段；阶段 2 为后续的所有时段。对于阶段 2，MDHL 采用简单的 Ship-Once 策略，即在销售期刚开始时一次性将仓库的库存分配到各个门店，作为近似的最优解。对于阶段 1，MDHL 策略只考虑需求的均值而非具体分布，由此降低了计算的难度。

3.3.2 新型仓库的布局重构

3.3.2.1 案例1：立体仓库的布局重构

通常来讲，一个仓库在投入使用后，其中的货架和设施在很长一段时间内会保持固定位置，因此很难进行重构。然而，随着技术的不断进步，仓库的形态也不断地更新，出现了库位高度可调的立体仓库以及高度自动化的KIVA机器人仓库等，使得仓库布局重构成为可能。在本节中，我们以立体仓库为例介绍对应的重构问题。

如图3-6所示为一个典型的、具有多个插槽的立体仓库的结构。可以看到，与传统仓库相比，此类立体仓库的每一个货架中有多个可以移动的插槽，通过挪动插槽的上下位置可以改变货位的高度。货位的高度越高，可存放的货物种类就越多，但库位的数量就越少，每个库位内部很可能出现空间的浪费。

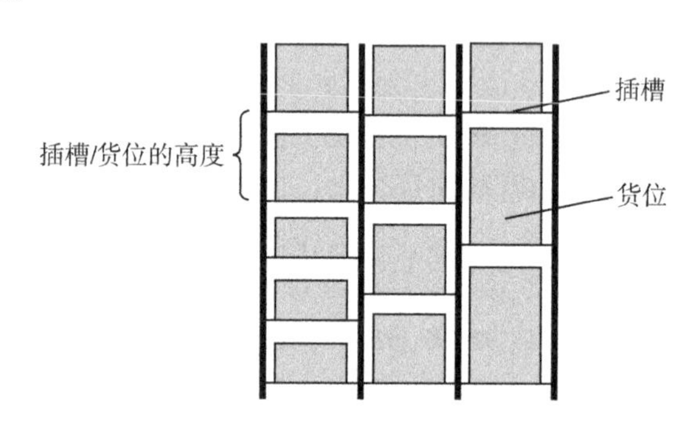

图3-6　高度可变的立体仓库示意

为了简化，我们首先假定所有的货架的插槽设置都完全相同。L是货架的数量，K代表货架的高度。每一个货架的信息为(x, n)，其中$x=(x_1, x_2, \cdots, x_L)$代表货位的高度，$n=(n_1, n_2, \cdots, n_L)$代表各类货位的数量。我们的目标是在保证所需服务水平的前提下，尽量减少货架的数量，对应的数学模型如下所示：

$\min L$	(54)
subject to $\sum_i x_i n_i = K$	(55)
$G(x, N) \geqslant \alpha$	(56)
$N_i = n_i L \quad \forall i$	(57)
$x_i \geqslant x_{i-1} \quad 2 \leqslant i \leqslant L$	(58)
$x_L = H$	(59)
$x_i, n_i, L \in Z^+, \forall i$	(60)

具体来说，该模型有五个约束条件。约束条件(55)，一个货架上所有插槽的高度之和必须等于货架的高度。约束条件(56)，现有设置至少提供所需的服务水平 α。约束条件(57)，服务水平由货位的种类和总数共同决定，其中总数由约束条件(57)给出。约束条件(58)，货位的高度 x 必须是升序的。约束条件(59)，最大的槽位必须能够存储最大的托盘，其尺寸用 H 表示。

之后，我们进一步放宽货架一致性的假设，假定货架可以被分成 j 类，每一类对应的货架个数为 q_j，其中高度为 x_i 的货位个数为 n_{ij}。由此，模型可以被更新为

$\min \sum_j q_j$	(61)
subject to $\sum_i x_i n_{ij} = K y_j \forall j$	(62)
$G(x, N) \geqslant \alpha$	(63)
$N_i = \sum_j q_j n_{ij} \forall j$	(64)
$q_j \leqslant M y_j \quad \forall j$	(65)

续表

$x_i \geqslant x_{i-1} \quad 2 \leqslant i \leqslant L$	(66)
$x_L = H$	(67)
$x_i,\ q_j \in Z^+,\ \forall ij$	(68)
$y_j \in \{0,\ 1\},\ \forall j$	(69)

3.3.2.2 案例 2：KIVA 仓库的路径规划

亚马逊的 KIVA 机器人系统是一种相对新颖的拣选系统，旨在实现高度自动化的智能仓库。其基本单位是 KIVA 机器人，对应的操作原理如图 3-7 所示。KIVA 是一个可以旋转和移动的电动机器人，附带有能够举起超过 1000 公斤重量的起重装置。因此，KIVA 机器人可以直接在货架下方行驶、举起目标货架，并将其运输到固定的拣选区。因此，如图 3-8 所示，工人只需要留在拣选区域，从而避免了取货和送货的非生产性行走。当拣选完成后，机器人再将货架整体搬运到合适的空闲位置。从实际应用的角度上，KIVA 仓库可以实现仓库布局的动态重构。在每一次拣选后，机器人都可以将货架更换到新的空闲位置，因此仓库的布局在不断变化，可以更好地应对不断变化的现实需求。

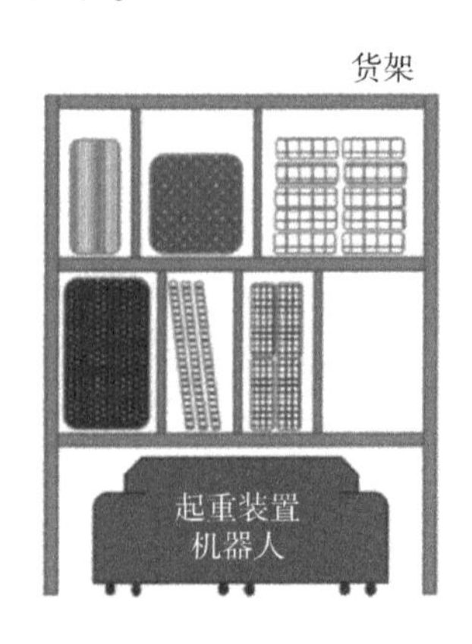

图 3-7　KIVA 机器人的基本操作原理

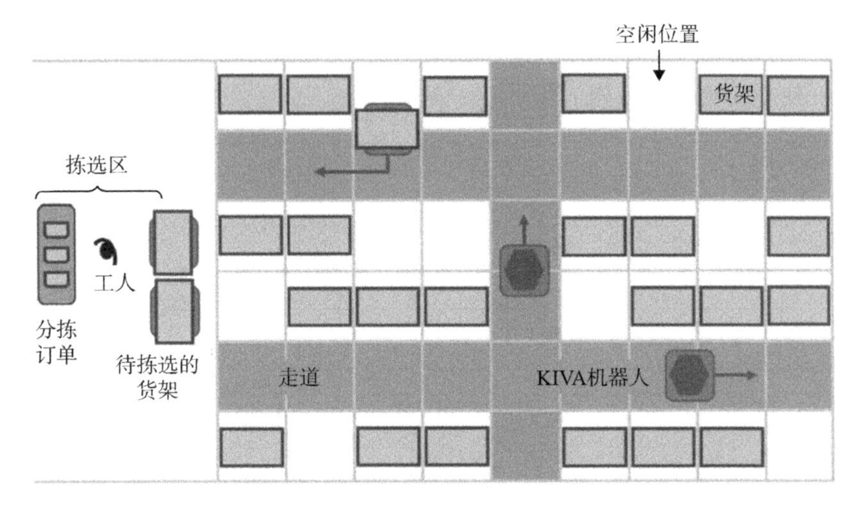

图 3-8 KIVA 仓库的经典布局

从数学问题的角度分析，KIVA 仓库的建模更加清晰。这是因为，每一个 KIVA 机器人只能承载一个货架，每次操作只能进行单指令循环和双指令循环。前者意味着要么从拣选区移至货架位置，要么从货架位置移至拣选区；后者则稍微复杂一点，首先将一个负载从拣选区移到货架位置，然后再从另一个位置移动新的货架到拣选区域。因此，KIVA 机器人的路径规划问题与 3.2.2.3 节中的 SPRP 问题原理类似，但对应的数学模型更加简洁。

Felix 等对单个 KIVA 机器人的路径规划问题进行了研究。由于拣选前后的取货架和放回货架本质上是同一类问题，我们在此只考虑后者。假定 $\boldsymbol{S}$ 是空闲存储位置的集合，J 是所有可行的中途停留点的集合。在运输过程中，我们需要一个路径，即对每一个中途停留点 $j \in J$ 与存储位置 $s \in S$ 的映射。当经过中途停留点 j 到达空闲存储位置 s 时，决策变量 $x_{js}=1$，否则 $=0$。对于每一个非零的 x_{js}，有对应的行走距离（或成本）e_{js}；当 $x_{js}=0$ 时，e_{js} 被设定为一个非常大的自然数 M。此外，我们定义一个虚拟的、被占用的中途停留集合$\bar{j}$，对应的目标存储位置为q_j，$j\in\bar{j}$。最后，我们用Θ_s来代表一对中途停留点(j, j')的集合，其中j和j'不能同时被分配到存储位置s。建立的数学模型如下所示。

$\min \sum_{j\in J}\sum_{s\in S} e_{js}x_{js}$	(70)
subject to $\sum_{s\in S_j} x_{js} = 1 \quad \forall j \in J$	(71)
$x_{js}+x_{j's}\leqslant 1 \quad \forall s\in \boldsymbol{S},\ (j, j')\in \Theta_s$	(72)
$x_{jq_j}=1 \quad \forall j\in \bar{j}$	(73)
$x_{js}\in\{0, 1\} \quad \forall j\in J,\ s\in S$	(74)

3.4 多仓库或无仓库的仓储管理重构

3.4.1 多级仓库网络的库存重构

3.4.1.1 问题背景

我们考虑一个典型的多级仓库网络，其中，除上游供应商外，其他仓库均属于同一公司所有。如图 3-9 所示，具体的网络结构分为四级。最顶层是上游供应商，负责商品的生产和供应。在采购完成后，商品通过自有物流或者第三方物流运输到区域配送中心，负责大区内的库存储备，例如华北、华东地区。之后，商品从区域配送中心分拨到一个或多个覆盖范围较小的物流配送中心，后续再从物流配送中心运输到多个零售门店。如图 3-9 中的黑色箭头所示，这样一个多级仓库网络中商品的流动是固定的。也就是说，区域配送中心和物流配送中心之间、物流配送中心与零售门店之间的关系是固定的，商品永远从上游流向下游。在这种情况下，商品在每个仓库的库存水平根据一定时间间隔(通常为一天)定时更新，公司需要做的决策包括总的订货量和上游向下游分配的数量。在实际应用中，通常决策要考虑运输时间所导致的提前期问题，但整个物流网络的结构不发生变化。

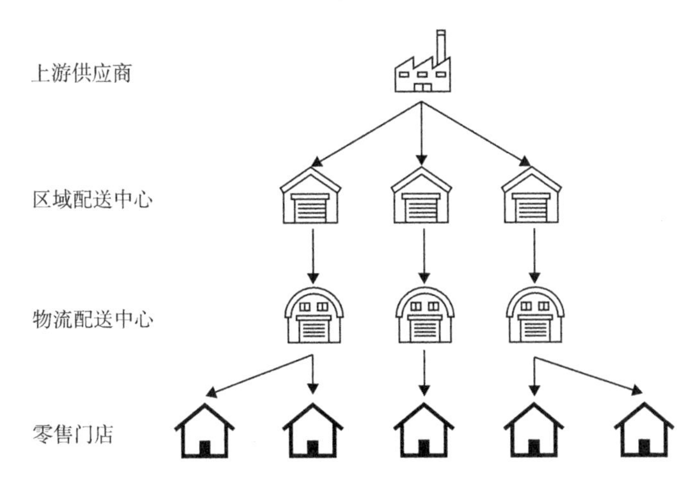

图 3-9 典型多级仓库网络示意图

我们考虑一个特殊的情况，当某个零售门店 a 突然出现井喷式需求，以至于在该门店和其上游物流配送中心 A 的库存无法满足需求。在这种情况下，如果依然遵循传统的网络结构，由于分拨和运输都需要时间，商品只能在较长时间后到货，由此将导致需求的流失和消费者满意度的下降。在这种情况下出现了仓库网络中库存重构的第一种形式：跨级调拨，如图 3-10 所示。顾名思义，跨级调拨指的是在通常的物流网络之外进行上游对下游的调拨，其中最常见的是本不存在对应关系的物流配送中心对零售门店的调拨。当门店 a 对应的上游物流配送中心 A 无法满足需求时，公司往往会选择距离门店 a 较近的另一个物流配送中心 B 来进行紧急调拨。当距离最近的配送中心为区域配送中心 C 时，也可以从区域配送中心向零售门店直接调拨。最后，考虑到物流配送中心 A 也缺货，公司可以从服务于其他大区的区域配送中心调货到 A，以满足该区域未来一段时间的需求。

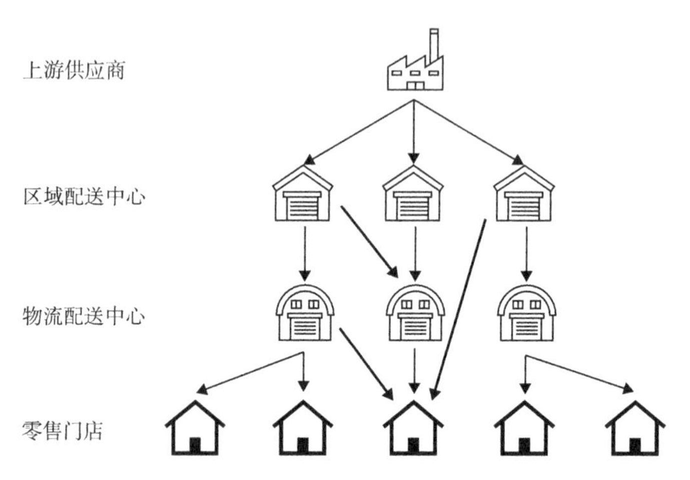

图 3-10　门店缺货时的跨级调拨示意图

除了跨级调拨外，还有一种相对较为少见的库存重构形式，叫作同级调拨如图 3-11 所示。它指的是区域配送中心与区域配送中心之间，物流配送中心与物流配送中心之间，以及门店与门店之间的库存重构。除了像跨级调拨一样应对异常的井喷式需求外，同级调拨的另一个重要功能是平衡多个区域内需求和库存的关系，解决某个区域库存过多的问题。

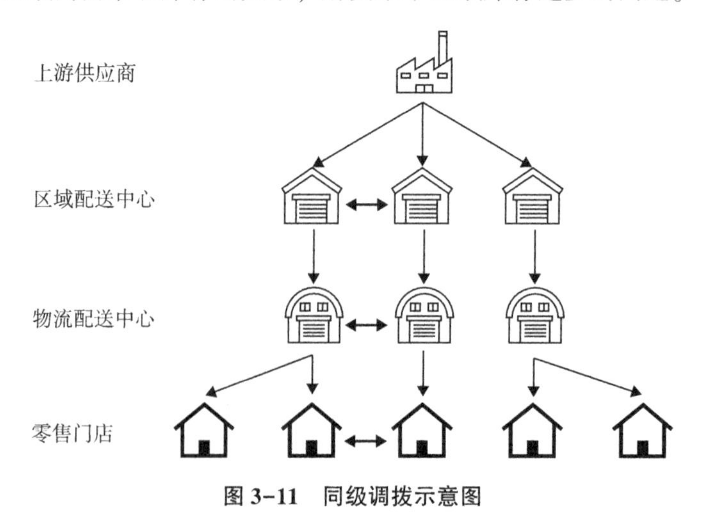

图 3-11　同级调拨示意图

3.4.1.2　数学模型

在上述研究背景下，Wee 和 Dada 考虑了一个仓库与 n 个零售门店的数学模型。我们令 $i=0$ 代表仓库，$i=1$，…，n 代表零售门店。假设有一个固定的销售期。销售期开始之前，仓库和零售门店均从外部供应商处补货至 S_i，$i=0$，…，n。在销售期中，每个仓库和零售门店的需求是随机的，服从一个抽象的多变量分布。在销售期结束时，零售门店将首先使用自己的库存来满足需求；当产生缺货时，即该门店的库存小于实际发生的需求时，零售门店可以选择由仓库或者其他零售门店供货。如果仓库和零售门店的库存均无法满足需求，则需求流失。公司需要决策其最优的库存水平 S_i，以最大化期望的利润。

模型中的参数主要分为四类。

(1)成本参数。包括需求损失成本 c_p；销售期结束时零售门店/仓库的剩余库存所产生的持货成本 c_h/c_H；从其他零售门店/仓库供货的转移成本 c_t/c_t；假定所有成本都是正且有限的。

(2)零售门店的相关参数。包括随机需求向量 $\boldsymbol{D}=(D_i)_{i=1,\cdots,n}$，其联合概率分布为 F；在用自身库存满足门店需求后的剩余库存$L_i(S_i)$；在完成同级或跨级调拨后的零售门店剩余库存$L_R(S_0, \cdots, S_n)$；从零售门店发出的所有转运商品的数量 $t_R(S_0, \cdots, S_n)$。

(3)仓库的相关参数。其需求的随机向量为 $\boldsymbol{D}_0(S_1, \cdots, S_n)$，其累积概率分布函数为$H_n(S_1, \cdots, S_n)$，概率密度函数为$h_n(S_1, \cdots, S_n)$；在转运完成后的剩余库存为$L_W(S_0, \cdots, S_n)$；从仓储发出的总的转运数量 t_{WR} $(S_0, \cdots, S_n)$。

(4)系统的相关参数。在转运完成后的总缺货数量 $BO(S_0, \cdots, S_n)$；在转运完成后的总的剩余库存 $L(S_0, \cdots, S_n)$。

则我们可以得到以下的数学模型：

$$\min_{S_i} E(C(S_0, S_1, \cdots, S_n) = \min_{S_i} \int_D V(S_0, S_1 - D_1, \cdots, S_n - D_n) \partial F(\boldsymbol{D}) \quad (75)$$

其中

$V(S_0, z_1, \cdots, z_n) = \min\limits_{t_R, t_{WR}} c_t t_R + c_t t_{WR} + c_h\left(\sum_i z_i^+ - t_R\right) + c_H(S_0 - t_{WR}) + c_p\left(\sum_i z_i^- - t_{WR} - t_R\right)$	(76)

约束条件包括：

$t_{WR} \leqslant S_0$	(77)
$t_R \leqslant \sum_i z_i^+$	(78)
$t_{WR} - t_R \leqslant \sum_i z_i^-$	(79)
$t_{WR},\ t_R \geqslant 0$	(80)

3.4.1.3 最优策略

在求解最优策略时，Wee 和 Dada 考虑了以下四种情况：

(1) $c_t \leqslant c_p$，即从仓库转运成本小于缺货成本；

(2) $c_t - c_h \leqslant c_p$，即门店的转运成本-持货成本小于缺货成本；

(3) $c_t - c_H \leqslant c_p$，即仓库的转运成本-持货成本小于缺货成本；

(4) $c_t - c_H \leqslant c_t - c_h$，即门店的转运成本-持货成本小于仓库的转运成本-持货成本。

他们发现最优的转运策略总属于以下五种形式：

(1) NP(No Pooling)系统，即没有转运；

(2) RO(Retailer Only)系统，即只使用零售门店的库存；

(3) WF(Warehouse First)系统，即先从仓库转运，之后从零售门店转运；

(4) WO(Warehouse Only)系统，即只从仓库转运；

(5) RF(Retail First)系统，即先从零售门店转运，之后从仓库转运。

具体来说，

(1)当 C0 和 C1 均不成立时，则最优解为 NP 系统；

(2)当 C1 成立但 C0 不成立时，最优解为 RO 系统，

(3)当 C0 成立但 C1 不成立时，最优解为 WO 或者 NP 系统；

(4)当 C0 和 C1 均成立，且

1)C3 成立，则最优解为 WF 或者 RO 系统；

2)C3 不成立，则最优解为 RF 或 RO 系统。

3.4.2 共享单车的库存重构

3.4.2.1 问题背景

一般来说，仓储问题以配送中心-仓库-门店的物流网络为基础，研究各个网络节点的库存水平或者最优订货策略。除了缺货情况下的紧急调拨外，产品在物流网络中的流动遵循固定的方向，顾客只在末流节点购买货物。然而，自 2010 年以来，方兴未艾的新型的商业模式——共享经济不再遵循这一传统结构。在共享经济中，顾客并不“购买”产品，而是“租借”产品。这就意味着，在网络的末流节点，顾客多不仅不会降低库存，还会增加库存。同时，顾客的行为是不可控的，无法强制要求顾客在某些门店借出、另一些门店归还。因此，产品在物流网络中的流动，尤其是在末流节点之间的流动，往往会十分混乱、复杂、难以预测。

如图 3-12 所示，共享经济主要包括两种形式：有固定站点的共享经济和无固定站点的共享经济。前者是共享经济的初级形式，包括初期的有桩共享单车、共享充电宝、租车服务等。顾客可以自由选择一个站点租借产品，然后选择另一个站点归还产品。这就使得各个站点的库存水平随着顾客消费不断变化，因此，站点间剩余库存的重新配置至关重要。后者是一种新型的商业模式，主要包括无桩共享单车、无桩共享电动车等。顾客

可以在任意一个有闲置产品的点扫码租借并使用，然后在运营范围内的任意一个点锁车归还。与前者相比，后者相当于有无数多个站点，因此运营难度急剧上升。相对应地，顾客使用服务的便捷度也大幅上升，因此已经成为共享单车行业的主流。

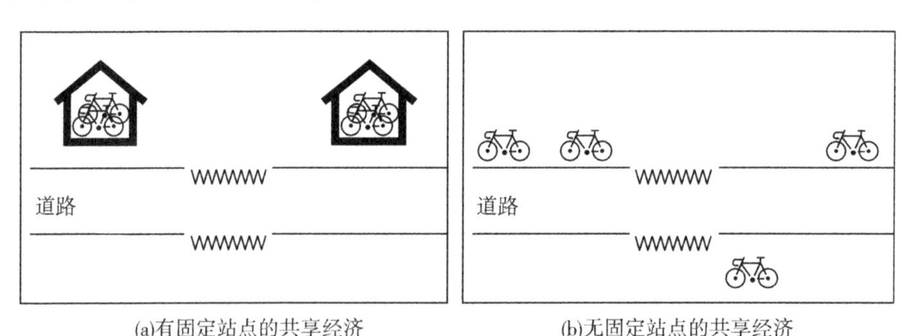

(a)有固定站点的共享经济　　(b)无固定站点的共享经济

图 3-12　共享经济的两种形式

3.4.2.2　案例 1：有固定站点的共享单车库存重构

我们以共享单车为例，对有固定站点的共享经济进行分析和建模。Datner 等将用户从某点到另一点的旅行需求建模成一个随机的需求过程，由 $r \in \boldsymbol{R}$ 表示。为了实现需求，顾客需要选择一个旅行 j，包括走到站点、租借车辆并骑行、到另一个站点归还车辆、最终到达目的地四个步骤。拥有需求 r 的顾客数量为Q_r；对拥有需求 r 的用户 q 来说，他所有可选的旅行方式的集合为$\boldsymbol{j}_{qr}$。单车系统拥有多个站点，单个站点用 i 表示，其集合为 $\boldsymbol{S}$。L_{qjr}代表拥有需求 r 的用户 q 选择旅行 j 的旅行时间；$\boldsymbol{A}_{irt}$和$\boldsymbol{G}_{irt}$分别代表单个用户在时间点 t 归还或租借车辆的集合；B_{irt}和H_{irt}分别代表单个用户在站点 i、时间点 t 归还或租借车辆的数量。每个站点的库存水平用 i_{irt} 表示。

当站点库存不足或缺乏还车空间时，用户可以选择等待、寻找临近站点或者放弃使用，用户的决策由自身的旅行需求和单车系统的状态决定，

用 $x_{q,f_q(\mathbb{S}),r}$ 表示。其中$\mathbb{S}$代表整个单车系统的状态，$f_q(\mathbb{S})$是根据系统状态$\mathbb{S}$选择的旅行，$x_{q,f_q(\mathbb{S}),r}=1$。考虑到共享单车往往在夜间进行库存重构，Datner 等考虑在一定的时间范围内（通常是一天或一个白天）如何设置各个站点的初始库存，以使得在规划期内用户行程的总和最小。其决策变量为 i_i^0，即在最开始，$t=0$ 的时候，如何在各个站点 $i \in \boldsymbol{S}$ 分配库存。具体的数学模型如下所示。

$\min \sum_{r \in \boldsymbol{R},\ q \in \boldsymbol{Q}} L_{q,\ f_q(\mathbb{S}),\ r}$	(81)

约束条件如下：

subject to $i_{i,r,t-1}+B_{irt}-H_{irt}=i_{irt} \quad \forall i \in \boldsymbol{S},\ r \in \boldsymbol{R},\ t \in \boldsymbol{t}_{ir}$	(82)
$i_{irt} \leqslant C_i \quad \forall i \in \boldsymbol{S},\ r \in \boldsymbol{R},\ t \in \boldsymbol{t}_{ir}$	(83)
$i_i^0=i_{i,r,0} \quad \forall i \in \boldsymbol{S},\ r \in \boldsymbol{R}$	(84)
$x_{q,f_q(\mathbb{S}),r}=1 \quad \forall q \in \boldsymbol{Q},\ r \in \boldsymbol{R}$	(85)
$\sum_{(q,\ f_q(\mathbb{S})) \in \boldsymbol{A}_{it}} x_{q,\ f_q(\mathbb{S}),\ r} = B_{irt} \quad \forall i \in \boldsymbol{S},\ r \in \boldsymbol{R},\ t \in \boldsymbol{t}_{ir}$	(86)
$\sum_{(q,\ f_q(\mathbb{S})) \in \boldsymbol{G}_{it}} x_{q,\ f_q(\mathbb{S}),\ r} = H_{irt} \quad \forall i \in \boldsymbol{S},\ r \in \boldsymbol{R},\ t \in \boldsymbol{t}_{ir}$	(87)
$i_i^0 \geqslant 0$, interger $\quad \forall i \in \boldsymbol{S}$	(88)
$i_{irt} \geqslant 0 \quad \forall i \in \boldsymbol{S},\ r \in \boldsymbol{R},\ t \in \boldsymbol{t}_{ir}$	(89)
$x_{q,f_q(\mathbb{S}),r} \in \{0,\ 1) \quad \forall j \in \boldsymbol{j}_q,\ r \in \boldsymbol{R},\ q \in \boldsymbol{Q}_r$	(90)

目标函数(81)通过最小化所有用户的旅行时间之和，使用户在系统中花费的总时间最小。约束条件(82)是库存平衡约束，它保证每个车站 i、每个需求 r、每个时间点 t 的库存水平；约束条件(83)确保每个车站的库存在所有情况下都不超过它的容量；约束条件(84)保证每个站的初始库存水平对在所有的需求 r 相等；约束条件(85)确保每个用户正好被分配到一个

旅行；约束条件(86)和约束条件(87)是系统平衡性约束；约束条件(88)规定每个站点的初始库存水平为非负值和整数；约束条件(89)保证车站的自行车数量为非负；约束条件(90)限制每个用户的旅程选择为0-1变量。由此，有桩共享单车的库存分配问题被建模成一个混合整数规划问题，可以通过局部搜索算法等启发式算法求解。

另一类问题是研究如何在站点间进行库存的动态重构，以在达到目的的情况下最小化重构成本。类似地，对给定时刻 t，我们用 i_{ti} 代表站点 i 的目标库存水平，x_{ti} 代表站点 i 的实际库存水平，$i \in \boldsymbol{S}$。决策变量 w_t 代指如何在站点间进行库存转移，其成本为 c_t。由此，该问题可以被建模为如下形式。

$\min c_t \cdot w_t$	(91)

约束条件：

subject to $\sum_{i \in S} w_{ijt} - \sum_{k \in S} w_{jkt} = i_{tj} - x_{ti} \quad \forall j \in S$	(92)
$w_t \geqslant 0$	(93)

假定站点 i 在时刻 t 的需求为随机变量 d_{ti}，单车从站点 i 被借出但尚未归还的数量为γ_{ti}，单车从站点 i 被借出、归还到站点 j 的概率为 p_{tji}，则站点的实际库存水平 x_{ti}可以被建模成以下形式。

$x_{t+1,\ i} = (i_{ti} - d_{ti})^{+} + \sum_{j \in S} [\gamma_{tj} + \min(i_{ti},\ d_{ti})] p_{tji} \quad \forall i \in \boldsymbol{S},\ t$	(94)
$\gamma_{t+1,\ j} = [\gamma_{tj} + \min(i_{ti},\ d_{ti})](1 - \sum_{j \in S} p_{tij}) \quad \forall i \in \boldsymbol{S},\ t$	(95)

3.4.2.3 案例2：无桩共享单车的库存重构

相对于有桩共享单车而言，无桩共享单车没有固定站点，也就是说，单车存放的可行域不再是离散的点，而是连续的线甚至面。这显著地增加了建模的难度。Pei 等将实际的街区划分成了一系列虚拟的区域，例如一个或几个相邻的街区，如图 3-13 所示。顾客从外部到达某个区域，如果区域中的单车库存是足够的，那么将自动形成一个单车-顾客对，开始服务。如果库存不足，顾客则会选择等待，直到耐心耗尽。之后，顾客会选择离开该区域，进入下一个区域或者离开系统。

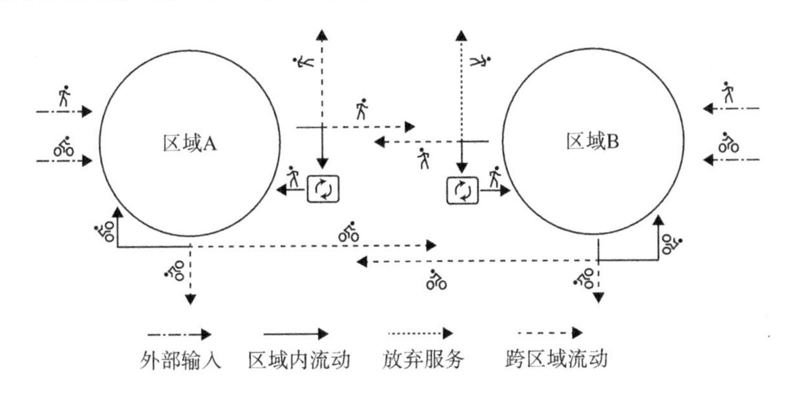

图 3-13 无桩共享单车的用户行为示意

无桩共享单车系统则由随时间变化的排队网络模型建模。如图 3-14 所示，以区域 A 为例，假定顾客的耐心时间期望为 w_A 的随机变量，外部顾客以到达率 $\lambda_A(t)$ 泊松到达，如果一开始没有找到可用单车，则用户以 p_{A1} 的概率在本区域内继续寻找(以选择 1 代表)，以 p_{A2} 的概率进入另一个区域(以选择 2 代表)，或者以 $1-p_{A1}-p_{A2}$ 的概率离开系统。当顾客选择继续寻找，则他们有可能找到或找不到单车，如此往复。假定服务时间和等待时间均服从相互独立的一般分布(用 GI 表示)，那么每一个区域可以被建模成一个 $[M_t/(GI, GI)/s_t+(GI, GI)]+(GI/\infty)_2$ 队列，其中 M_t 代表在时刻 t 的泊松到达，s_t 代表时刻 t 区域内的单车数量。如图 3-14 所示，这样的一个队列可以被近似为六个无限服务台的队列(两个等待队列、两个单车队列、选择 1 和选择 2)，由此得到满足一定服务水平时区域内库存水平的近似最优解。

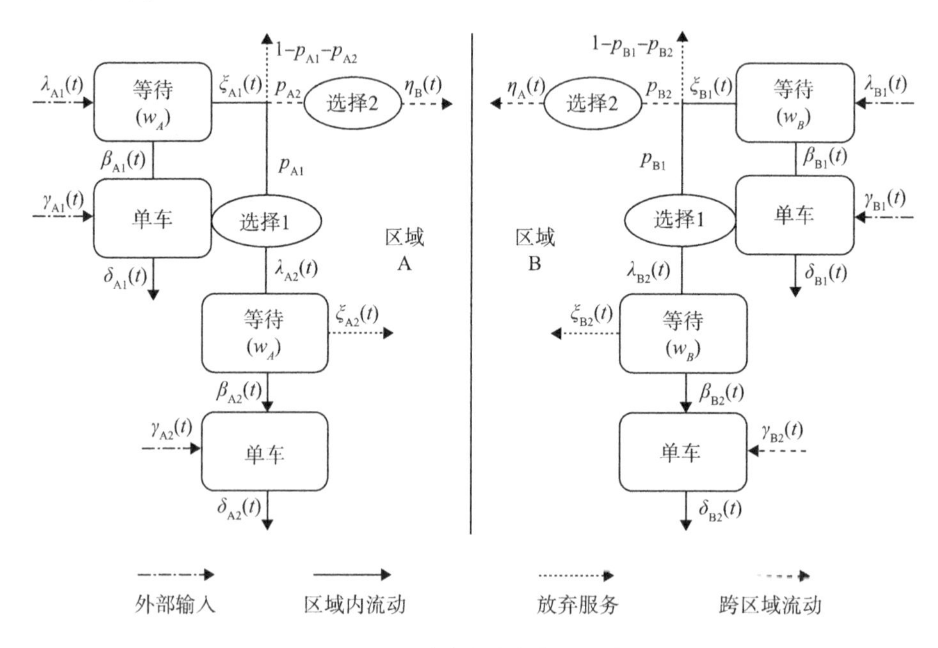

图 3-14 无桩共享单车的排队模型

参考文献

[1]Snyder LV, Shen Z. Fundamentals of Supply Chain Theory[M]. New Jersey: Wiley, 2011.

[2]Galliher H P, Morse P M, Simond M. Dynamics of two classes of continuous-review inventory systems[J]. Operations Research, 1959, 7(3): 362-384.

[3]Viswanathan S. Note. Periodic review (s, S) policies for joint replenishment inventory systems[J]. Management Science, 1997, 43(10): 1447-1454.

[4]Zheng Y S, Federgruen A. Finding optimal (s, S) policies is about as simple as evaluating a single policy[J]. Operations Research, 1991, 39(4): 654-665.

[5]Federgruen A, Zheng Y S. An efficient algorithm for computing an optimal (r, Q) policy in continuous review stochastic inventory systems[J]. Operations Research, 1992, 40

(4): 808-813.

[6]Bragg S M. Inventory best practices[M]. Hoboken, New Jersey: Wiley, 2011.

[7]Zipkin P H, McGrawHill. Foundations of inventory management [M]. New York: McGraw-Hill, 2000.

[8]AngM, Yun F L, Sim M. Robust Storage Assignment in Unit-Load Warehouses. INFORMS, 2012.

[9]Bassan Y, Roll Y, Rosenblatt M J. Internal Layout Design of a Warehouse[J]. AIIE Transactions, 2007.

[10]Regattieri A. Warehousing in the Global Supply Chain-Advanced Models, Tools and Applications for Storage Systems.

[11]Gue K R, Meller R D. Aisle configurations for unit-load warehouses[J]. IIE Transactions, 2009, 41(3): 171-182.

[12]Goeke D, Schneider M. Modeling Single-Picker Routing Problems in Classical and Modern Warehouses: INFORMS Journal on Computing Meritorious Paper Awardee[J]. INFORMS Journal on Computing, 2021, 33(2): 436-451.

[13]Eppen G D, Iyer A V. Improved fashion buying with Bayesian updates[J]. Operations Research, 1997, 45(6): 805-819.

[14]JainA, Rudi N, Wang T. Demand Estimation and Ordering Under Censoring: Stock-Out Timing Is (Almost) All You Need. [J]. Operations Research, 2015, 63(1): 134-150.

[15]LiJ, Toriello A, Wang H. Dynamic Inventory Allocation for Seasonal Merchandise at Dillard's[J]. INFORMS Journal on Applied Analytics, 2021(4): 51.

[16]Cardona LF, Gue K R. How to determine slot sizes in a unit-load warehouse[J]. IISE Transactions, 2018, 51(4): 355-367.

[17]Cardona L F, Gue K R. Layouts of unit-load warehouses with multiple slot heights[J]. Transportation Science, 2020, 54(5): 1332-1350.

[18] Weidinger F, Boysen N, Briskorn D. Storage Assignment with Rack-Moving Mobile Robots in KIVA Warehouses[J]. Transportation Science, 2018.

[19] Wee K E, Dada M. Optimal policies for transshipping inventory in a retail network[J]. Management Science, 2005, 51(10): 1519-1533.

[20] Datner S, Raviv T, Tzur M, et al. Setting Inventory Levels in a Bike Sharing Network [J]. Transportation Science, 2019, 53(1): 62-76.

[21] Pei Z, Dai X, Yu T, et al. Dynamic rebalancing strategy in free-float bicycle sharing systems: Orbit queues and two-sided matching[J]. Service Science, 2022, 14(1): 35-59.

[22] Benjaafar S, Jiang D, Li X, et al. Dynamic inventory repositioning in on-demand rental networks[J]. Management Science, 2022, 68(11): 7861-7878.

第4章 物流系统重构

4.1 制造系统物流问题综述

制造系统物流是制造企业中一个非常重要的环节。其涉及生产计划的制订、零部件的采购、仓库管理、生产线的协调，以及物流技术的应用等方面。本节将对制造系统物流问题进行综述。

(1)生产计划的制订。生产计划的制订是制造系统物流的第一步。在制订生产计划时，需要考虑市场需求、生产能力、原材料供应等多个因素。生产计划制订的质量直接影响到生产效率和产品质量的高低。因此，制造企业需要进行科学合理的计算和分析，以保证生产线的顺畅运转。

(2)零部件的采购。零部件的采购是制造系统物流的重要环节之一。在采购过程中，需要考虑到零部件的质量、价格、供货周期等多个因素。制造企业需要与供应商建立良好的合作关系，保证零部件的及时供应。同时，制造企业需要了解市场行情和新技术，进行及时调整，以优化采购成本和提高采购效率。

(3)仓库管理。仓库管理是制造系统物流的核心环节。制造企业需要建立科学的仓储管理制度，对原材料和成品进行分类、标记、储存和保护。同时，需要对库存进行及时和准确的统计，避免因库存过多或过少而影响生产线的正常运行。仓库管理的高效性对于制造企业来说非常重要，它可以减少物流成本、提高库存周转率和产品质量。

(4)生产线的协调。生产线的协调是制造系统物流的最终目的。在生产过程中，生产线的各个环节需要紧密协作，保证生产进度的顺畅。为了实现生产线的协调，制造企业需要建立高效的沟通机制，加强生产线的监控和管理。同时，制造企业需要采用先进的物流技术和设备，提高生产线的自动化水平，以达到生产线高效协调的目的。

(5)物流技术的应用。物流技术的发展对制造系统物流的提升起到了重要的作用。物联网、大数据、人工智能等技术的应用，使得制造企业能够更加准确地进行生产计划制定、零部件采购、仓库管理和生产线协调。同时，物流技术的应用也为制造企业提供了更多的选择，例如第三方物流服务等。制造企业需要密切关注物流技术的发展，及时采用新技术和设备，以提高物流效率和降低物流成本。

综上所述，物流是制造企业中不可或缺的一环。只有建立科学的物流管理制度，加强物流技术的应用，才能够实现生产线的高效协调，提高企业的生产效率和竞争力。制造企业需要注重物流管理的每一个环节，优化物流流程，提高物流效率，以达到企业的长期发展目标。

当今在实际应用与物流实践中，制造系统物流已取得长足进展。我们下面介绍当前制造系统物流领域备受关注的几个问题，包括自动导引车(Automated Guided Vehicle，AGV)在物流领域的应用及联合生产和配送问题(Integrated Production and Outbound Distribution，IPOD)。

4.2 制造系统应用 AGV 提升效率

自动导引车是一种自动化运输设备，它能够在制造和仓储系统中自主行驶、运输物料，从而提高生产效率和降低生产成本。本节将探讨制造系统中应用 AGV 提升效率的相关问题。

AGV 在制造系统中的应用包括物料搬运、生产线供料、半成品运输、成品运输等多个环节。

(1)与传统的人工搬运方式相比，AGV 具有以下优势。

1)自主性高。AGV 能够自主行驶，无需人工干预，从而提高了生产效率。

2)安全性高。AGV 内置多种安全传感器，能够及时发现障碍物并避免碰撞，从而保证了生产安全。

3)灵活性高。AGV 能够根据生产线的变化进行智能调度，从而提高了生产效率和生产灵活性。

4)技术含量高。AGV 采用了多种先进的技术，如激光导航、机器人视觉、SLAM 等，从而提高了生产效率和生产质量。

(2)AGV 提升制造系统效率的具体措施如下。

1)AGV 应用于物料搬运。AGV 可以在制造系统中搬运物料，将物料从一个环节运输到另一个环节，从而提高生产效率。

2)AGV 应用于生产线供料。AGV 可以在制造系统协助生产线供料，将原材料、零部件等供应到生产线上。

3)AGV 应用于半成品运输。AGV 可以在制造系统中完成半成品运输，将半成品从一个环节运输到另一个环节。

4)AGV 应用于成品运输。AGV 可以在制造系统中完成成品运输，将成品从生产线上运输到仓库或出厂。

总结：AGV 作为一种自动化运输设备，在制造系统中的应用能够极大地提高生产效率和降低生产成本。在实际应用中，需要根据生产线的特点和需求，合理选择 AGV 的应用场景和技术方案，从而达到最佳的生产效果和经济效益。

4.2.1 AGV 系统的设计

在设计问题中会出现许多决策变量。决策对相互互动和绩效的影响可能难以预测。在设计 AGV 系统时，至少必须解决以下战术和操作问题。

(1)交通管理：预测和避免碰撞和死锁；

(2)取货和送货点的数量和位置；

(3)车辆需求；

(4)车辆调度；

(5)车辆路径；

(6)闲置车辆定位；

(7)电池管理；

(8)故障管理。

流路布局损害了固定的引导路径，车辆可以在该路径上行驶到各种负载的拾取和交付点；需要交通管理以避免碰撞和死锁、其中两辆或更多车辆被完全阻塞等情况；为确保及时运输货物，应提供足够的车辆，并将正确的车辆派往正确的负载。此外，必须确定车辆将货物从原产地运输到目的地的路线。根据此路径信息，可以做出调度决策，例如，车辆应处理作业的顺序。运输作业后，闲置车辆必须在系统中的某个位置等待新任务。

总结相关文献，AGV 系统的一些目标是：

(1)最大化系统的吞吐量(即每个时间单位处理的负载数量)；

(2)最大限度地减少完成所有作业所需的时间(即制作)；

(3)最小化车辆行驶时间(空载或/和装载)；

(4)在 AGV 上均匀分配工作负载；

(5)将运输总成本降至最低；

(6)尽量减少在到期时间之后处理工作的时间(即迟到)；

(7)最大限度地减少 AGV 前往新工作目的地的最大或平均吞吐时间；

(8)最大限度地减少货物的预期等待时间。

4.2.2 自动导引车的调度

调度是指用于选择车辆以执行运输需求的规则。这里我们简要讨论 AGV 系统中与调度问题相关的规则与方法。

调度问题可以从不同的角度观察。首先，负载可用于运输，需要分配给闲置的 AGV。其次，车辆变得闲置，需要分配给新任务。因此，调度问题分为两类，即工作站发起的调度规则和车辆发起的调度规则。如果必须从一组闲置车辆中选择车辆来运输负载，则问题在于工作站的选择。如果闲置的 AGV 必须从一组运输请求中选择负载，则问题在于车辆的选择。

在离线控制系统中，有关运输请求的所有数据在运输过程开始时都可用。因此，通过将调度问题表述为分配问题，可以以最佳方式将车辆分配给负载。运输请求集和车辆集形成一个完整的二分图，其中为每个弧分配了一个权重(例如，运输时间)。通过应用匈牙利方法，可以有效地解决问题。

在线控制系统中使用的简单启发式方法是先到先得规则，该规则将免费 AGV 最早发送到请求运输的负载。Bartholdi 和 Platzman 提出了先遇到先得规则，该规则可以应用于在单个循环中行驶的 AGV 的分散在线控制。具有多个负载的 AGV 在单个回路中连续行驶，如果车辆上有空间，则拾取它遇到的第一个负载；负载在其目的地卸载。通过模拟表明，如果在单个循环中应用这种启发式方法，则这种启发式方法优于其他启发式方法，例如先到先得规则。

根据 Egbelu 和 Tanchoco 的说法，以下启发式规则可以应用于工作中心发起调度的分散控制系统。

(1) 随机车辆规则。无论车辆的位置和负载如何，接送任务都随机分配给任何可用的车辆。

(2) 最近车辆规则。将负载最短距离处的车辆分配给负载。

(3) 最远车辆规则。将负载最大距离处的车辆分配给新的运输请求。

(4) 最长怠速车辆规则。在所有闲置车辆中闲置时间最长的车辆被派往负载。

(5) 最低利用率车辆规则。将平均利用率最低的车辆分配给新作业。

最后两个规则有助于平衡系统中所有 AGV 之间的工作量。Egbelu 和 Tanchoco 还讨论了车辆从运输请求中选择负载的调度规则。车辆启动调度问题的一些分配规则如下。

(1) 随机工作中心规则。随机选择具有运输请求的工作中心，并将车辆派往该工作中心的负载。

(2) 最短行程时间/距离规则。将车辆派往最近的工作中心。该规则的目的是最大限度地减少车辆的空车行驶时间。

(3) 最大出站队列大小规则。车辆被派往等待运输的货物数量最多的中心。

(4) 修改后的先到先得规则。车辆按照其请求运输时间的时间顺序分配给中心。一个工作中心一次只能有一个请求。

在制造业领域，已经进行了许多关于车辆派遣工作的研究。求解方法从简单的调度启发式规则、马尔可夫决策过程到模糊逻辑和神经网络方法不等。然而可以得出结论，这些新概念几乎没有超越传统的启发式规则及其修改。AGV 在配送、转运和运输系统中的调度较少被探索。来自制造应用程序的众所周知的调度规则被应用于新的应用领域。然而，对于具有大量 AGV 的现实生活系统，需要对高级启发式或最佳方法进行更多的研究。在这种情况下，以下五个方面至关重要：①具有高工作负载的大型系统的计算时间短；②与其他车辆接口以避免拥塞；③死锁和延迟；④无限或滚动的计划范围；⑤最佳解决方案和启发式解决方案之间的小差距。在新应用领域中，与其他类型的设备[如存储和(卸载)设备]的接口非常重要。文献中几乎没有注意到同时调度多种类型的物料搬运设备。在大型 AGV 系统中车辆和其他类型的设备的整体调度时，侧面约束非常重要。人们可以考虑从存储设备到 AGV 的传输缓冲区的容量限制，或者一种类型的设备优先于另一种设备。

4.2.3 AGV 的路由和调度

如果做出调度决定，则应为 AGV 规划路线和时间表，以便通过 AGV 网络将作业从其起点运输到目的地。路线指示 AGV 在取货或送货时应采取的路径；相关时间表给出了 AGV 在路线期间每个路段、取货和交付点，以及交叉路口的到达和离开时间，以确保无碰撞路线。特定路线和时间表的选择会影响系统的性能，运输作业所需的时间越长，在特定时间内可以处理的作业就越少。因此，AGV 路线的目标之一是最大限度地减少货物的运输时间。必须开发算法来解决路由问题，可以有两类算法，即静态算法和动态算法。使用静态算法，从节点 i 到节点 j 的路线是预先确定的，如果必须将负载从 i 传输到 j，则始终使用。这样，一个简单的假设是选择从 i 到 j 距离最短的路线。但是，这些静态算法无法适应系统和交通状况的变化。在动态路由中，路由决策是基于实时信息做出的，因此可以选择 i 和 j 之间的各种路由。

AGV 系统中的静态路径问题与运输文献中研究的车辆路径问题

(Vehicle Routing Problem, VRP)有关。在车辆配送中，一组具有已知需求的 n 个客户端需要由容量有限的 m 辆车组成的车队提供服务。这些车辆都存放在一个仓库，每辆车的路线均在此仓库开始和结束。必须规划最小成本(长度)路线 m，以便每个客户只得到一次服务，并且每辆车所服务的客户的总需求不超过每辆车的容量。目标是在前面提到的条件下最小化所有 m 路线的总距离。这是一个很难解决的 NP 问题。VRP 是一个组合优化问题，其目的是为一组客户找到最优路径，以使车队的总行驶距离或时间最小化，同时满足一定的约束条件。VRP 可以被公式化为一个整数线性规划问题，可以使用优化方法求解。VRP 的基本公式包括以下变量和约束条件：

变量：

(1) $-x_{ijk}$：二进制变量，当车辆 k 直接从节点 i 到节点 j 时为 1，否则为 0。

(2) $-u_i$：连续变量，表示在服务节点 i 时的累计需求量。

目标函数：

$$\text{Min} \sum_{k=1}^{p} \sum_{i=1}^{n} \sum_{j=1}^{n} d_{ij} x_{ijk}$$

约束条件：

(1) 每个客户必须恰好被访问一次：

$$\sum_{k=1}^{m} \sum_{i=1}^{n} x_{ijk} = 1 \quad \forall j \in \{2, \cdots, n\} \tag{1}$$

(2) 车辆离开其进入的节点，确保车辆进入节点的次数等于它离开该节点的次数：

$$\sum_{i=1}^{n} x_{ijk} = \sum_{i=1}^{n} x_{jik} \quad \forall j \in \{1, \cdots, n\},\ k \in \{1, \cdots, m\} \tag{2}$$

(3)每辆车都离开起点：

$\sum_{j=2}^{n} x_{1jk} = 1 \quad \forall k \in \{1, \cdots, m\}$	(3)

(4)车辆的累计需求量不能超过其容量：

$\sum_{i=1}^{n} \sum_{j=2}^{n} q_j x_{ijk} \leqslant Q \quad \forall k \in \{1, \cdots, m\}$	(4)

(5) 子环消除约束：

$u_i + q_j - Q(1 - x_{ijk}) \leqslant u_j \quad \forall i, j \in \{1, 2, \cdots, n\}, i \neq j, i \neq 0, j \neq 0, \forall k \in \{1, \cdots, m\}$	(5)

其中，n 是客户数量，m 是车辆数量，q 是每个客户的需求量，Q 是每个车辆的容量，0 表示起点。

这个基本公式可以扩展以包括其他约束条件，例如时间窗口、时变的行驶时间和多个起点。由于 VRP 的组合性质，解决它可能是具有挑战性的，但已经开发了各种启发式算法和元启发式算法，以在合理的时间内寻找到近似最优解。车辆路径问题已得到了广泛的研究，一般来说可以应用一些启发式方法或智能算法得到问题的可行解。

带时间窗的车辆配送（Vehicle Routing Problem with Time Window，VRPTW）是车辆配送的推广。为每个客户定义一个时间窗口。时间窗口 $[s, t]$ 将客户的服务时间限制为从 s 到 t 的时间间隔。例如，由于交通限制或客户及其产品的固定时间表而出现此类时间窗口。找到具有时间窗口的车辆配送问题的可行解是一个 NP 完全问题。我们可以很容易地将上面的 VRP 问题的整数规划模型修改成一个 VRPTW 问题的模型，只需要将子环消除约束修改为如下形式即可：

$u_i+t_{ij}-M\cdot(1-x_{ijk})\leq u_j \quad \forall i\in \boldsymbol{V},\ j\in \boldsymbol{V}\setminus\{i\},\ k\in\{1,\ \cdots,\ m\}$	(6)
$s_i\leq u_i\leq t_i,\ \forall i\in \boldsymbol{V}$	(7)

其中，t_{ij}表示从客户 i 到客户 j 所需的时间，u_i 表示到达节点 i 的时间。

带时间窗的车辆配送问题是一个经典的组合优化问题，可以使用上述数学模型来描述和求解。在实际应用中，我们可以使用启发式算法或精确算法来求解该问题，以得到最优的配送方案。

具有时间窗口的车辆路径问题的更一般的问题是带时间窗口的提货和配送问题（Pickup and Delivery Problem with Time Window，PDPTW）。带时间窗口的提货和配送问题是运输物流领域中一种著名的优化问题。该问题的主要目标是在一组客户中寻找提货和配送货物的最优顺序，同时满足客户的时间窗口约束。在 PDPTW 中，每个客户都有一个提货地点、一个配送地点、一个提货时间窗口、一个配送时间窗口和货物需求。目标是为车辆找到一条可行的路线，满足所有客户的需求，遵守时间窗口约束，并最小化总行驶距离或时间。VRPTW 是 PDPTW 的一个特例，其中所有目的地都是同一个仓库。已经开发了多种算法来解决 PDPTW，如遗传算法、蚁群优化和禁忌搜索。这些算法在降低运输成本和提高整体效率方面表现出了良好的结果。PDPTW 的数学模型如下：

目标函数：

$$\min \sum_{i=0}^{n} \sum_{j=0}^{m} c_{ij}x_{ij}$$

约束条件：

（1）每个节点 i 都恰好被访问一次：

$\sum_{j=0}^{n} x_{ij} = 1 \qquad \forall i \in [1,\ n]$	(1)

(2)车辆在起点和终点只能访问一次：

$\sum_{j=0}^{n} x_{0j} = 1, \ \sum_{j=0}^{n} x_{j0} = 1$	(2)

(3)车辆的容量约束：

$\sum_{j=0}^{n} q_j x_{ij} \leqslant Q \qquad \forall i \in [1, n]$	(3)

(4)时间窗口约束：

$e_i \leqslant t_i \leqslant l_i \qquad \forall i \in [1, n]$	(4)

(5)行驶时间约束：

$t_j \geqslant t_i + s_{ij} + s_i \qquad \forall i, j \in [0, n], i \neq j$	(5)

(6)节点的访问顺序约束：

$u_i - u_j + M x_{ij} \leqslant M - d_i \qquad \forall i, j \in [1, n], i \neq j, t_i + s_{ij} \leqslant l_j$	(6)

其中，n 是客户数量，c_{ij}是节点 i 和节点 j 之间的距离或时间成本，x_{ij} 表示从节点 i 到节点 j 是否有路径，s_{ij}是从节点 i 到节点 j 的时间或距离，q_j 是节点 j 的需求或容量，Q 是车辆的容量限制，e_i 和 l_i 分别是节点 i 的时间窗口的早、晚时间，t_i 是节点 i 的到达时间，d_i是节点 i 的服务时间，u_i 是节点 i 的访问顺序，M 是一个大正整数，用于使约束条件成立。

取件和送货问题的特殊版本以及车辆路径和车辆调度问题的组合是乘车问题。这类问题涉及车辆的动态路线和对客户的实时响应。每个客户都应在时间窗口内得到服务，并使用惩罚功能来最大程度地减少客户的等待时间。

有关运输文献中的这些问题与 AGV 系统中的路线和调度问题之间的类比很明显。不同位置的许多货物必须在某个开始时间或时间窗口内的某个时刻由车辆运输。然而，使用运输相关文献中描述的模型并不总是可行的——这些模型不考虑系统中的拥塞。此外，大多数模型的开发并不是为了处理对动态变化的运输请求的实时响应。因此，文献中注意为 AGV 开发非冲突路线，通过无冲突路线，AGV 尽早到达目的地，而不会与其他 AGV 发生冲突。Krishnamurthy 等人观察到一个静态路由问题，其中 AGV 必须以无冲突的方式在双向网络中路由，以便最小化制造跨度。通过应用列生成可以解决此问题。Kim 和 Tanchoco 还讨论了在双向网络中寻找无冲突路线的问题，提出了基于 Dijkstra 的最短路径方法的算法。

截至目前，关于 AGV 调度的讨论文献几乎没有考虑其他限制条件，例如提供运输工作的机器的容量限制，其他类型的设备的时间表和有限的车辆停车位。在大型 AGV 系统的现实生活中，这些侧面约束变得越来越重要。为了考虑到这些限制因素，应更加注意不同类型物料搬运设备的综合调度，这些设备也满足空间和容量要求。

综上所述，在制造领域的背景下，已经开发了静态和动态算法来解决车辆的路线，网络模型、排队网络、仿真和智能路由技术用于通过网络无冲突的路由 AGV。而 AGV 通过配送、转运和运输系统的路线几乎没有研究。综上我们得出结论，调度和路由问题通常是分开研究的。然而，调度和路由方面的集成形成了一个具有挑战性的问题。Ebben 等人提出了第一种启发式方法，但需要对调度和路由问题的集成进行更多的研究。此外，应更加注意大型 AGV 系统中不同类型物料搬运设备的同时调度。随着大型 AGV 系统的引入，在模型中纳入容量、空间和时间限制变得越来越重要，并且还应制定滚动和无限时间范围的新方法。

4.2.4 用于吞吐量计算的分析模型

为了更好地分析生产系统性能，本节介绍关于生产线和生产网络的吞吐量估计模型。模型的相关定义如下。

符号	含 义
N	生产线数量
M	生产阶段数
$n=1\cdots N$	生产线
$m=1\cdots M$	生产阶段
k	工作生产线数量
A_s	给定准备时间的每台机器的可用性
$A_{(s-l)}$	给定准备时间的整条生产线的可用性
q	每台机器的生产率(个/小时)
N_s	每天的班次数
H_s	每年每班的小时数(2000 小时/年)
p	单位利润(欧元/件)
L	两个连续机器组之间的连接路径长度(生产阶段)(m)
v	AMR 的最大速度(1 米/秒)
a	AMR 的加速/减速(1m/s^2)
t_{LU}	装载/卸载时间(5 秒)
C_v	车辆容量(10 辆/车)
C_{AMR}	AMR 的年度单位成本(元/年)
c_{LU}	自动装卸站的年度单位成本(元/年)

4.2.4.1 生产线总吞吐量的分析

考虑一组 N 条生产线、每条生产线包含 M 个生产阶段，如图 4-1 所示。

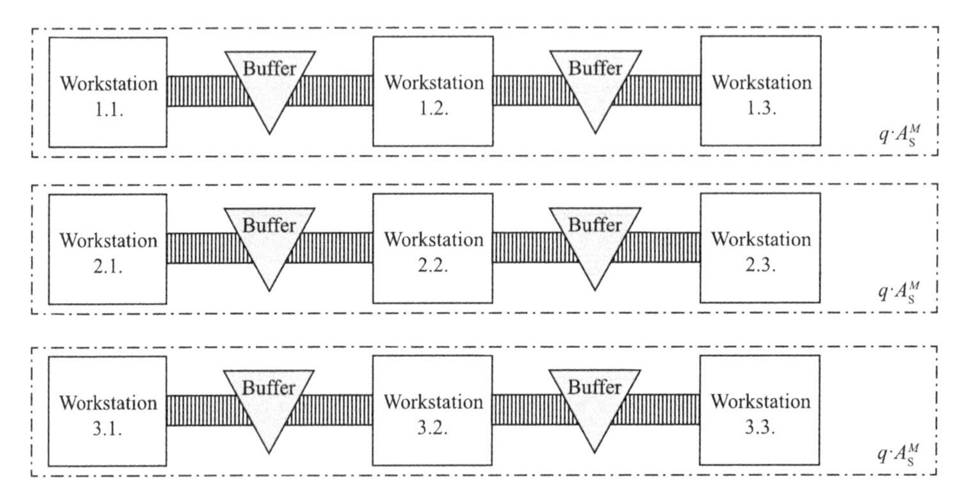

图 4-1　每条带输送机的生产线的总吞吐量

当所有机器都可用时，每条生产线都可用，这会影响生产线的总吞吐量：

$$Q_l = q \cdot A_{s-l} = q \cdot A_s^M \quad (1)$$

生产线系统的总吞吐量可以建模为 n 中选择 k 个的配置。不同的场景以工作线从 0 到 N 的数字 k 为特征，因此每个场景的概率可以用下式表示：

$$p_k^{pl} = \binom{N}{k} \cdot A_{s-l}^k \cdot (1-A_{s-l})^{N-k} \quad (2)$$

根据每个场景的工作线数，可以计算出系统的吞吐量：

$$Q_{pl} = \sum_{k=0}^{N} p_k^{pl} \cdot (Q_l \cdot k) \quad (3)$$

4.2.4.2　基于 AGV 的生产网络的总吞吐量分析

在新的生产网络概念中，单个生产阶段的每台机器通过 AGV 系统与下一阶段互连，其中移动机器人遵循一个圆形回路，该路径的中心有一个互操作缓冲区。在这种配置中，带有操作间缓冲区的 AGV 系统允许在设置过程中解耦两个连续的生产阶段。AGV 系统还可以使用缓冲器拾取和/或将产品交付给所有其他工作机器，因此启动时间不会影响其他机器组的可用性，而只会影响正在进行启动的生产阶段机器组的可用性。上述情况如图 4-2 所示。

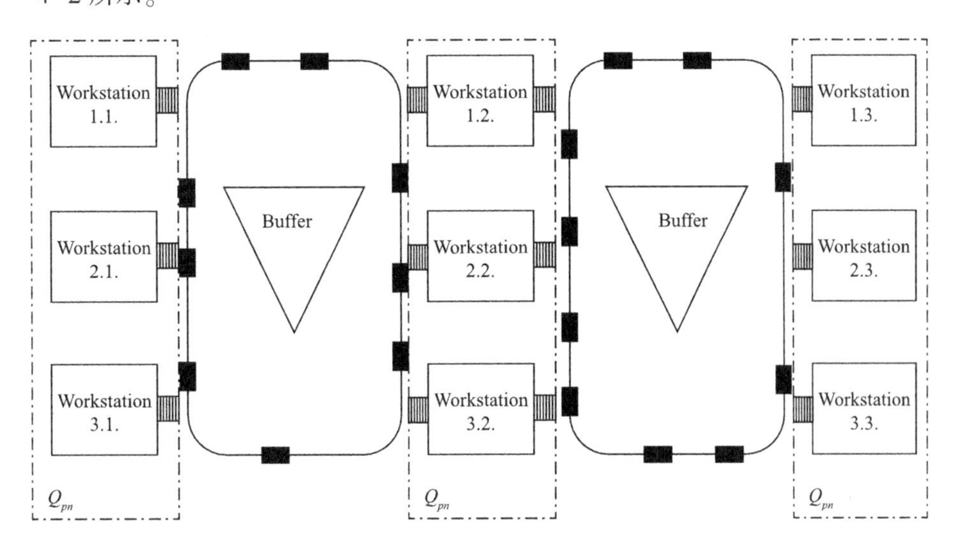

图 4-2 使用 AGV 的生产网络的总吞吐量

同样，可以建模每个场景发生的概率如下：

$$p_k^{pn} = \binom{N}{k} \cdot A_s^k \cdot (1-A_s)^{N-k} \tag{1}$$

由于 AGV 系统允许在启动过程中缓冲和重新分配产品，因此整个生产网络的吞吐量在生产阶段的每组机器中都是相同的，总吞吐量可以计算如下：

$$Q_{pn} = \sum_{k=0}^{N} p_k^{pn} \cdot (q \cdot k) \tag{2}$$

要计算将所有产品从一台机器移动到另一台机器所需的 AGV 数量，有必要知道车辆的容量 C_v、环路的长度 L，车辆的速度 v 和加速度 a，以及装

卸时间 t_{LU}。

基于这些假设，每辆车的吞吐量(以每小时产品为单位)可以按如下方程进行建模：

$T_c=\frac{L}{v}+2\frac{v}{a}+2t_{LU}$	(3)
$q_{AGV}=\frac{3600}{t_c}\cdot C_v$	(4)

最后，知道循环总数为$(M-1)$，并假设每台机器前方始终至少有两辆车可用以避免阻塞或饥饿，则可以计算所需的 AGV 总数。同时，连续阶段之间的操作间缓冲区可以临时储存产品，并且只需添加一个装载和卸载活动即可影响 AGV 系统的功能，因此对于计算所需车辆的数量可以忽略不计。

$N_{AGV}=(M-1)\cdot\left(\frac{N\cdot q}{q_{AGV}}+4N\right)$	(5)

4.2.4.3 系统比较：经济和技术角度

从经济角度来看，可以通过计算实施 AGV 系统的额外成本与通过提高吞吐量获得的额外利润之间的比率来评估基于 AGV 的生产网络的相对适用性。

AGV 的年度单位成本以及将车辆运输的产品分组和单一化所需的装卸站的年度单位成本，可以通过下式定义部署 AGV 系统的额外费用：

$\triangle TC=N_{AGV}\cdot c_{AGV}+N\cdot M\cdot c_{LU}$	(1)

与由一组输送机组成的操作间缓冲区相关的额外成本可以忽略不计，即使考虑到生产网络系统中不再使用的那些。这种用于生产系统的物料搬运解决方案的典型成本为每米几千元。考虑到生产线可以有数百米的输送

机，摊销率为 7 年到 10 年，该解决方案的年成本为数万元。如果使用重力滚筒输送机，额外的成本可以忽略不计，因为它们无需电动。

给定产品 p 的平均单位利润和每年的总工作时间，基于每天班次数 N_s 和每天工作时间H_s，额外利润可以表述为如下公式：

$\triangle TP=(Q_{pn}-Q_{pl})\cdot p\cdot H_s\cdot N_s$	（2）

与传统生产线相比，基于 AGV 的生产网络系统是优选的解决方案，如果比率 R_{pn}小于 1：

$R_{pn}=\dfrac{\triangle TC}{\triangle TP}=\dfrac{N_{AGV}\cdot c_{AGV}+N\cdot M\cdot c_{LU}}{(Q_{pn}-Q_{pl})\cdot p\cdot H_s\cdot N_s}$	（3）

此外，可以估计生产网络的额外吞吐量，这是由于启动期间系统可用性的提高：

$R_Q=\dfrac{Q_{pn}}{Q_{pl}}$	（4）

此外，生产网络系统的额外灵活性(表示为$\triangle FL$)可以通过设置与生产线获得的吞吐量相等的吞吐量来估计：

$\triangle FL=\dfrac{(1-A_s^{pn})}{(1-A_{s-l})}$	（5）

其中，A_s^{pn}满足 $Q_{pn}=Q_{pl}$。

根据上面的分析模型，我们可以估算 AGV 协助生产对生产力和灵活性的影响。对额外吞吐量和灵活性的分析取决于几个参数：可用性A_s和生产阶段数 M。虽然当初始机器可用性较低时，吞吐量的增量较高，但通过使用生产网络系统获得的额外灵活性是相当恒定的。生产阶段数对这种增量的影响很小。由于引入 AGV 系统，吞吐量的提高和灵活性的提高都是可观的。AGV 系统可以实现生产系统的所有机器之间的互联。

4.3 联合生产和配送问题

本节讨论联合生产和配送问题(IPOD)，此类问题在定制化生产和时间敏感产品生产的问题中经常出现。在第 4.3.1 节，我们首先简要介绍这类问题的背景、动力和研究现状。然后，在第 4.3.2 节，根据这类问题的主要特征，我们对此问题进行分类。之后，我们在第 4.3.3 节对案例一，即 DWC 公司的联合生产与配送问题进行介绍。最后，在第 4.3.4 节对案例二，即增材制造中的同时生产和运输问题进行介绍。

4.3.1 背景介绍

生产和配送业务是供应链中两个最基本的业务。为了以最低的成本最大限度地提供客户服务，则有必要将这两项业务进行联合考虑，并对二者进行协调，共同规划和安排此两项业务。在过去 30 年中，战略层、战术层和运营层等各个层级的联合生产和配送问题均有学者进行研究。在战略层或战术层，对于生产和配送相关的决策，通常是基于估计的总生产和配送能力，以相对较长时间内(如 6 个月、1 年或更长时间)的客户需求作为输入。这些决策通常与选址、网络设计、容量和库存决策共同做出。相比之下，在运营层面上，生产和配送相关的决策往往是基于实际可用的机器情况和客户订单情况，针对更短的时间(如几个小时、1 天或 1 周)的决策。这样的决策通常与客户服务有关的决策(如是否接受订单、及时配送的表现等)共同做出。

在许多实际情况下，生产和配送业务的运营级集成决策是必要的。在全球市场竞争日益激烈的今天，客户期望的提高迫使企业需主动而为做出改变，一方面降低整个供应链的库存水平，另一方面更好地响应客户需求。同时，减少库存的目标也需要生产端和配送端有更紧密的联系，这使得这些业务的联合决策成为必要。多种业务的联合决策使企业能够优化成本、收益和交货时间等因素。在许多短生产周期或按订单生产的产品的供应链中，整合生产和配送尤为关键。

据我们所知，Potts 撰写了第一篇关于 IPOD 问题的论文。Potts 研究的问题涉及在一台机器上处理作业，并在处理完成后，立即将它们分别交付到多个客户站点，目标是尽量地减少这些工件的最长交货时间。在过去的 20 年中，产生了有关 IPOD 的大部分研究，Chen 对 IPOD 模型进行了详细的综述。2001 年以前几乎所有研究 IPOD 问题的文章都假定，总有足够数量的送货车辆，因此，无论何时有送货需要，总有可用的车辆。Lee 和 Chen 考虑了批量交付 IPOD 问题的变种，这是第一个解决送货车辆数量有限的问题的研究。他们的论文激发了对此类问题变种的研究。如今已经出现了大量对 IPOD 问题进行研究的文献，学界关于这一领域的研究兴趣仍在增长。我们认为，学界在这一领域的浓厚兴趣主要是基于以下事实：历史上，供应链管理的研究几乎完全集中在战术层的决策，而越来越多的实际应用需要在详细的运营层面进行协调决策。IPOD 模型填补了以上传统供应链研究和新应用之间的空白。

下面，我们介绍必要的数学符号，对 IPOD 问题进行定义，并根据配送任务的特点将 IPOD 问题进行分类。

4.3.2 问题定义与分类

大多数现有的 IPOD 问题的研究都只涉及单一的生产工厂(所有的工件处理活动都在这里进行)以及一个阶段的配送服务(即完成的工件从工厂交付到客户站点)。本节使用 Chen 的综述文章中给出的符号、定义和分类方案来对 IPOD 问题进行介绍。

我们首先描述一般性的 IPOD 问题，此类问题包含单一的工厂和单一阶段的配送。在一个计划周期的开始，一个制造商从来自不同地方的 k 个客户($\boldsymbol{K}=\{1, 2, \cdots, k\}$)收到一组 n 个工作($\boldsymbol{N}=\{1, 2, \cdots n\}$)的订单。$\boldsymbol{N}_i \subset \boldsymbol{N}$ 是客户 i 所订购的工件的子集，且对于 $i \in \boldsymbol{K}$，有 $n_i=|\boldsymbol{N}_i|$，其中 $\boldsymbol{N}=\boldsymbol{N}_1 \cup \cdots \cup \boldsymbol{N}_k$，且 $n=n_1+\cdots+n_k$。制造商首先需要加工这些工件，然后通过 $v \geqslant 1$ 的配送车辆(如货车、卡车、航空航班等)将加工的工作交付给客户。每个工件 $j \in \boldsymbol{N}$ 需要由一台或多台机器加工，这取决于所涉及工件要求及机器类型。与之相关的参数如下。

(1)如果只需要一台机器，则处理时间为 p_j；如果需要多台计算机，则在第 h 台机器上的处理时间是 p_{hj}。

(2)重要性权重 w_j。

(3)发布日期 r_j(也称为释放时间、就位时间和到达时间等)，这是工件 j 到达并准备处理的时间。

(4)交货截止日期 d_j，如果在此时间之前订单没有交付给客户，则可能会产生惩罚成本。

(5)交货时间上限 $\bar{d}_j$，在此期限之前，必须将订单交付给客户。

(6)货物尺寸 q_j，这是车辆运载工件 j 所需的容量。

(7)收益 R_j，如果在期望的时间(例如，在截止日期之前或在特定的时间窗内)处理作业 j 并交付给其客户。

送货车辆可以是同质的(即，它们可以前往相同的客户目的地，并且具有相同的送货能力、行驶速度和成本率)或异质的(即：车辆的一个或多个参数存在不同)。可用车辆的数量可能是有限的或无限的，车辆容量可能是有限的(即，在一次装运中只能承载订单的子集)或无限的(即：在一次装运中可以承载任何数量的订单)。车辆在不同的地点之间行驶时，会产生非零的运输时间和非零的可变运输成本。每次运输行程或每辆车辆也可能产生固定的运输费用。

一个给定的IPOD问题的调度表(即：一个解)由一个生产计划(指定每个订单处理的时间和地点)和一个配送计划(包括出货批次、每次出货的出发时间和行程路线、每次出货车辆装运哪些工件以及每个工件何时交付给客户)。我们使用 C_j、D_j 和 t_j 表示工件 j 的完工时间、交货时间和延误时间，U_j 是表示订单 j 是否延误的0-1变量。制造商的目标是优化以下定义的基于时间的、基于成本的和基于收益绩效衡量标准的表现。基于时间的绩效衡量标准具有与生产调度文献相同的形式，只是它们是订单交付时间 D_j 的函数，而不是在生产调度文献中完成时间 C_j 的函数。

(1)基于时间的绩效衡量标准。包括最大交货时间 D_{max}，订单总的交货时间 $\sum D_j$ 或 $\sum w_jD_j$，订单总的延误时间 $\sum t_j$ 或 $\sum w_jt_j$，最大延误时间 L_{max}，总的延误订单数目 $\sum U_j$ 或 $\sum w_j U_j$。

(2)最常用的基于成本的绩效衡量标准——总运输成本，表示为TC，其中包括为配送所有订单而产生的所有固定和可变的总运输成本。由于给定订单的总生产成本通常是与订单加工顺序无关，所以在做出加工顺序的调度决策时很少考虑总生产成本。

(3)不是每个订单都可以接受被加工。例如，虽然订单有截止日期，但由于有限的生产和运输能力，不是每个订单都可以在截止日期前被处理和交付，这种情况下，则需要考虑以收益为基础的绩效衡量指标。此时，我们将接受加工订单的总收益表示为 $\sum R_j$，也等于 $\sum_{j\in A} R_j$，其中 A 是接受并成功交付的订单的集合。

我们使用Chen提出的五维符号 $\alpha|\beta|\pi|\delta|\gamma$ 来表示具有单个工厂和单

个配送阶段的 *IPOD* 问题。其中 α 表示机器的环境，β 表示约束条件的情况，γ 表示目标函数的情况，另外两个字段 π 和 δ 分别指的是配送过程的特征和客户数量。下面介绍 IPOD 中一些通常研究的约束条件 β，客户数量 δ 和配送特征 π 的情况。

(1)约束条件 β 的情况。

在 IPOD 问题中常用的约束条件 β 如下。

1)r_j：订单有不同的释放时间。当无此约束时，表示所有的订单都在 0 时间释放。

2)$d_j=d$：订单有相同的截止日期 d。

3)d_j：每个订单 j 有一个特定的截止时间，在此时间前，订单 j 需要配送到客户处。

4)fd_j：如果订单被接受后，每个订单 j 有一个特定的配送时间 fd_j，订单需要在此时间配送到其客户处，即 $D_j=fd_j$，对于任意 $j\in \boldsymbol{N}$。

5)no-wait：在流水车间环境中，每个作业都需要在没有空闲时间的情况下处理，从一台机器到下一台机器加工。

(2)客户数量 δ 的情况。

对于客户数量，有三种可能，分别是：

1)单个客户，即 δ 为 1 的情况；

2)多个客户，即 δ 为 k 的情况；

3)n 个客户，每个订单属于不同的客户，使用符号 n 表示 δ。

在不失一般性的前提下，假定每个客户都有一个不同的位置，以便在某些情况下(例如，在直接送达策略下)只有发往同一客户的订单才能合并配送。

(3)配送特征 π 的情况：

配送特性 π 包含两个部分：1）车辆特性（运送车辆的数量和能力）；2）所使用的运送或运送方法。如果所有车辆都是同质的，则用符号 $V(x, y)$ 表示车辆特征；如果车辆都是异质的，则用符号 $v_{het}(x, y)$ 表示车辆特征，其中 x 表示可用的运输车辆的数量，y 表示每辆车辆的容量。

4.3.3 案例一：DWC 公司的联合生产调度和配送问题

4.3.3.1 问题介绍

DWC 是一家全球性的食品和饮料生产商和分销商，并在中国开设有分公司。2015 年，该公司在中国的饮料产品生产和配送达到了 5 亿箱。随着销售的增加，工厂的生产计划以及工厂和城市之间的配送计划变得越来越复杂。DWC 公司面临的三个主要问题是：①生产在工厂和销售区域之间的分配是基于过去的经验，而没有使用数学优化方法；②公司的生产和配送计划是分别做出的，而很少考虑到它们之间的相互影响（显然，这样的决策方法是次优的）；③公司的流程不能适应业务增长和需求波动带来的变化。为了应对这三个问题，公司建立了一个以创新、服务和运营为重点的决策支持系统，使得整个公司的生产和分销系统得到了优化。下面我们对其生产配送系统进行介绍。

DWC 的生产配送网络包括三种类型的节点：工厂、分配中心（Distribution Center，DC）和区域仓库（Local Warehouse，LW）。工厂是生产产品的地点。生产结束后，产品将被运输并储存在自由货仓和租赁货仓。由于仓内容量有限，需要使用租赁仓库。然后，每个分配中心将产品分发给其所有销售覆盖区域的区域仓库。客户的需求通过最近的 LW 得到满足。这个项目只优化生产和配送两个环节，把一个城市的所有需求作为一个需求点。生产周期和交货周期各为一个月。问题的目标是找到一个联合生产和配送的时间表，使得在计划周期内单位时间的总成本（包括生产成本、库存成本和运输成本)最小化。

从生产的角度来看，生产可以满足其销售覆盖区域内的需求，也可以满足跨区域的需求。因此，生产计划必须解决两个问题以满足需求：要生产的产品数量和它们应分配到哪里。产品的数量由生产成本和未来需求决定，并受生产能力的限制；产品的分配由运输成本和未来总需求决定。

从配送的角度来看，一旦产品生产出来，它们就会从工厂配送到 DC，再从 DC 分销到 LW。最后的零售点的货物由 LW 配给。工厂可以选择将其产品存储在附近或较远的 DC；如果选择最近的 DC，初始距离较短，但总的运输成本可能会更高；如果选择较远的 DC，总运输成本可能较低，但初始运输时间可能较高。

4.3.3.2 数学模型

我们的研究包括多个生产工厂、DC 和 LW 的模型。工厂生产了三种产品，并将其从工厂运往 DC，然后从 DC 运往 LW。每个工厂都有一个容量限制。生产成本为线性的。在 DC，有一个线性的库存成本；运输成本是线性的；需求是确定的。问题旨在找到一个联合生产和配送时间表，以使每个单位时间(一个月)的总成本最小化，这包括生产成本、库存成本以及运输成本。

参数

符号	含义
I	工厂数量
J	DC 的数目
K	LW 的数目
S	产品的 SKU 数量
S_i	工厂 i 可以生产的 SKU 类型

续表

符号	含　　义
T	计划周期数
i	工厂的下标，等 i 个下标
j	DC 的下标，第 j 个 DC
k	LW 的下标，第 k 个 LW
s	SKU 的下标，第 s 个 SKU
t	计划周期的上标，第 t 个计划周期
D_{ks}^{t}	周期 t 内第 k 个 LW 对第 s 个 SKU 的需求
$\text{Trans}C_{ij}$	从工厂 i 到 DC_j 的单位运输成本
$\text{dis}C_{jk}$	从 DC_j 到 LW_k 的单位重量的平均运输成本，包含了在站点的装卸成本
$\text{in}hC_j$	单位货物自有仓库(一种 DC)的储存成本
$\text{ex}hC_j$	单位货物租赁仓库(一种 DC)的储存成本
pc_{is}	第 s 个 SKU 在工厂 i 的单位生产成本
$\text{in}Ca_j$	自有仓库的容量
PCa_i^t	t 期内工厂 i 的最大生产能力
SaS_{js}^t	在周期 t 内第 s 个 SKU 的安全系数
$Canproduct_{is}$	工厂 i 是否有能力生产 s 产品
$inits_{js}$	第 s 个 SKU 在工厂 j 的初始库存

决策变量

符号	含　　义
x_{ijs}^t	在第 t 个计划期，从工厂 i 配送到 DC_j 的 SKUs 的量
y_{jks}^t	在第 t 个计划期，从 DC_j 配送到 LW_k 的 SKUs 的量
z_{is}^t	在第 t 个计划期，工厂 i 生产的 SKUs 的量
w_{js}^t	在第 t 个计划期，DC_j 的最终库存
ew_{js}^t	在第 t 个计划期，租赁仓库 j 的最终库存

线性规划模型：

目标函数：

$$\min \sum_{t=1}^{T} \{ \sum_{i}^{I} \sum_{j=1}^{J} (\mathrm{trans}C_{ij} \cdot \sum_{s=1}^{S} x_{ijs}^{t}) + \sum_{j=1}^{J} \sum_{k=1}^{K} (\mathrm{dis}C_{jk} \cdot \sum_{s=1}^{S} y_{jks}^{t}) +) \sum_{i=1}^{I} \sum_{s=1}^{S} (pc_i \cdot z_{is}^{t}) + \sum_{i=L+1}^{I} \sum_{m=1}^{M} (Opc_i^{m} \cdot oz_i^{mt}) + (\sum_{j=1}^{J=1} [hc_j \cdot \sum_{s=1}^{S} w_{js}^{t} + (ehc_j - hc_j) ew_j^{t}] \}$$

约束条件：

（1）生产平衡约束：

$$z_{is}^{t} = \sum_{j=1}^{J} x_{ijs}^{t} \quad t = 1, \cdots, T;\ i = 1, \cdots, I;\ s \in \boldsymbol{S}_i \tag{1}$$

（2）需求平衡约束：

$$D_{ks}^{t} = \sum_{j=1}^{J} y_{jks}^{t} \quad t = 1, \cdots, T;\ k = 1, \cdots, K;\ s = 1, \cdots, S \tag{2}$$

（3）库存平衡约束：

$$w_{js}^{t} = w_{js}^{t-1} + \sum_{i=1}^{I} x_{ijs}^{t} - \sum_{k=1}^{K} y_{iks}^{t} \quad t = 1, \cdots, T;\ s = 1, \cdots, S \tag{3}$$

（4）变量类型约束：

$$x_{ijs}^{t},\ y_{jks}^{t},\ w_{js}^{t},\ ew_j^{t},\ z_{is}^{t} \geqslant 0 \quad t=1, \cdots, T;\ i=1, \cdots, I;\ j=1, \cdots, J;\ k=1, \cdots, K;\ s=1, \cdots, S \tag{4}$$

（5）SKU 容量约束：

$$\sum_{s \in S_i} z_{is}^{t} \leqslant PCa_i^{t} \quad t = 1, \cdots, T;\ i = 1, \cdots, I \tag{5}$$

（6）租赁仓库约束：

$$ew_j^{t} \geqslant \sum_{s=1}^{S} w_{js}^{t} - Ca_j^{t} \quad t = 1, \cdots, T;\ j = 1, \cdots, J \tag{6}$$

(7)期末(最后一期除外)库存约束:

$w_{js}^{t} \geqslant SaS_{js}^{t} \sum_{k=1}^{K} y_{jks}^{t+1} \quad t=1, \cdots, T-1; j=1, \cdots, J; s=1, \cdots, S$	(7)

(8)最后一期期末库存约束:

$w_{js}^{t} \geqslant SaS_{js}^{t} \sum_{k=1}^{K} y_{jks}^{t} \quad j=1, \cdots, J; s=1, \cdots, S$	(8)

4.3.4 案例二:增材制造中的同时生产与运输问题

增材制造(Additive manufacturing, AM)受到越来越广泛的专注。AM,俗称三维(3D)打印,是一种先进的数字制造技术,通过逐层添加材料来生产复杂和定制的产品,一台 AM 机器本身可以用作小型工厂。同样,增材制造技术的应用可以进一步打破传统的生产和配送的模式。考虑到安装在运输车辆内的 AM 机器的情况,这种车辆可以作为一个移动的迷你工厂,同时生产最终产品并将其运输给客户。亚马逊工厂曾通过配备 3D 打印的卡车或 AM 设施提供物品交付的服务——在运输的同时进行途中制造,因此可以根据客户的需求制造产品并快速交付。中央系统接收来自客户的订单,并将所需的数据文件和工作订单传输到安装在配备了 AM 机器的车辆中的系统。车辆在接近客户位置的同时生产零件,从而通过将生产时间与运输时间重叠以及降低库存水平来缩短产品交付周期和节省存储成本。增材制造技术人员已经在试验移动迷你工厂。例如,美国军方部署了一个配备增材制造机器的便携式微型工厂,在战场、陆地或海上的偏远地区生产军事装备和备件。

基于以上背景,我们介绍一种新的优化问题,称为同时生产和运输问题。这个问题的提出具有显著的应用价值,即生产和运输同时进行,以减少按需制造的产品的交货时间。在传统情况下,只有当生产完成并且运输车辆到达运输位置时，才能开始货物运输；在这个过程中，有时车辆必须在到达运输位置后等待生产完成。这种情况下，以最短的总行驶时间得到的解或通过求解 TSP 问题得到的解的路径可能会导致车辆的路径总时间(包含等待时间)更长。下面介绍联合的生产和运输问题，及这一问题的混合整数线性规划模型，并对求解此问题的精确和启发式方法进行简单介绍。

4.3.4.1 同时生产与运输问题的背景

与同时生产与运输问题比较相关的是单机调度问题和旅行推销员问题，我们首先对这两个问题进行简单的介绍。

单机调度问题(Single Machine Scheduling Problem，SMS)因其实际相关性和复杂性而在现有文献中得到了广泛的研究。SMS 问题包括一台机器和一组作业，其最基本的处理时间是给定的。需要获得处理作业的最佳顺序以优化某些目标，例如总的完成时间、总的延误时间或它们的加权组合。此外，也有相关的研究考虑到生产过程和生产作业的特殊属性，例如定期维护的要求、生产序列有关的启动时间等。SMS 问题的各种变体在实际应用中均经常出现，并且在过去的几十年中一直是学界的重要研究问题。

旅行推销员问题(Traveling Salesman Problem，TSP)要求车辆从起始节点出发，只访问一组给定的客户位置一次，然后返回起始位置，同时最大限度地降低总旅行成本或距离。因为这一问题在现实生活中的巨大应用，它无疑成为研究最广泛的 NP 难组合优化问题之一。最近 TSP 问题的一些变体，包括舰载车辆 TSP 和带无人机的 TSP 等也被学界研究。

在应用实践和学界研究中，工厂的生产调度和向客户交付成品，这两项活动是分开和顺序处理的。然而，为了获得最佳结果，这些活动需要以协调的方式整合和联合进行。同样，大多数关于综合生产分销模型的早期研究都集中在战略和战术规划层面，这通常涉及中间库存阶段。然而，当代的竞争和响应能力要求企业不仅在战略战术层面而且在运营层面减少库存，从而加强生产和分销业务之间的联系。对这种集成生产和交付模式的需求主要源于需要更短交货时间的时间敏感的产品，如按订单生产(make-to-order)或及时生产(just-in-time)的模式。一些学者也开始对这方面的研究进行尝试，并考虑其他几个特征的扩展，例如允许作业拆分的并行机器、启动时间、异构车辆、时间窗等。

我们接下来对同时生产与运输问题(Simultaneous Production and Transportation Problem，SPTP)进行介绍。SPTP 与 SMS 问题和 TSP 问题，以及文献中的集成生产分配问题都不同。基于一组客户及其各自的订单以及相关的生产时间和交货截止日期，SPTP 力求最大限度地减少运输车辆的行程时间，同时在每个客户规定的到期时间内完成所有交货。需要注意的是，这里的交货时间不仅取决于到达运输位置所需的行驶时间，还取决于要交付的产品的生产完成时间。还可能存在这种情况，即车辆已经到达运输位置，但因为要交付的产品仍在生产中，则车辆必须等待。在 SPTP 中，行程时间的最小化等于最小化总行驶时间和总等待时间的总和。下文通过一个例子展示与旅行推销员问题的解相对应的路径，该解最小化了车辆的总行驶时间，但并不是 SPTP 的最短行程时间，因为 TSP 中解的最佳路径可能涉及车辆的漫长等待时间。

4.3.4.2 同时生产与运输问题的数学模型

SPTP 问题定义在完整的有向图 $G=(\boldsymbol{V},\ \boldsymbol{A})$ 上，其中 $\boldsymbol{V}=\{0,\ 1,\ 2,\ \cdots,\ n\}$ 是节点的集合，$\boldsymbol{A}=\{(i,\ j):\ i,\ j\in\boldsymbol{V},\ i\neq j\}$ 是有向边的集合。节点 0 是车辆起点，$v_c=\boldsymbol{V}\setminus\{0\}$ 是要进行产品交付的客户节点的集合。安装有 3D 打印设施的车辆需要同时生产和运输要交付到客户位置的产品。假设车

辆具有足够的设备来满足所有客户需求，需要在车辆起点开始和结束其路线。

车辆从节点 i 到节点 j 的行驶时间为非负的参数 t_{ij}。客户 i 订购的产品具有非负的生产时间 p_i，并需要在截止日期 d_i 前交付给客户。假设每个客户的订单以及订单的生产时间和到期时间都是已知的或确定的；一旦车辆离开，订单的生产就开始了，车内的空间足以暂时容纳等待交付的成品。此外，根据增材制造优势，我们假设作业之间的启动时间可以忽略不计，也就是说，新的生产过程可以在前一个生产过程完成后立即开始。

第 i 个配送的产品的生产完成时间 α_i 依赖于其配送的顺序，而交付完成时间 β_i 依赖于产品的生产完成时间 α_i 和从上一个配送点到当前点的行驶时间。同时，行程时间 γ 是完成所有货物配送并返回起始节点所花费的总时间。问题的目标函数是尽量减少行程时间 γ。

我们还定义了一组 0-1 决策变量 x_{ij}，如果车辆在其路径上，从节点 i 行驶到节点 j，则 x_{ij}为 1，否则等于 0。因此，使用一组表示用到的边的 0-1 决策变量，两组用于表示生产完成和交付完成时间的连续决策变量，以及一组用于表示路径行程时间的连续决策变量，我们可将 SPTP 表示为如下混合线性规划模型。

目标函数：

$Z = \min\gamma$

约束条件：

$\sum_{j=0}^{n} x_{ij} = 1 \quad \forall i \in \boldsymbol{V}$	(1)
$\sum_{i=0}^{n} x_{ij} = 1 \quad \forall j \in \boldsymbol{V}$	(2)

续表

$\alpha_j \geqslant \alpha_i + p_j + M(x_{ij} - 1) \quad \forall i, j \in \boldsymbol{V}_c, i \neq j$	(3)
$\alpha_i \geqslant p_i \quad \forall i \in \boldsymbol{V}_c$	(4)
$\beta_j \geqslant \beta_i + t_{ij} + M(x_{ij} - 1) \quad \forall i, j \in \boldsymbol{V}_c, i \neq j$	(5)
$\beta_i \geqslant t_{0i} \quad \forall i \in \boldsymbol{V}_c$	(6)
$\beta_i \geqslant \alpha_i \quad \forall i \in \boldsymbol{V}_c$	(7)
$\beta_i \leqslant d_i \quad \forall i \in \boldsymbol{V}_c$	(8)
$\gamma \geqslant \beta_i + t_{i0} x_{i0} \quad \forall i \in \boldsymbol{V}_c$	(9)
$x_{ij} \in \{0, 1\} \quad \forall i, j \in \boldsymbol{V}, i \neq j$	(10)

目标函数 Z 表示最小化总行程时间。约束条件(1)和约束条件(2)是确保车辆精确进入和离开每个节点一次的约束。约束条件(3)表示订单在每个节点的生产完成时间按照交货顺序的关系，即车辆从节点 i 行驶到节点 j，第 j 个配送产品的生产完成时间 α_j 应该不小于第 i 个产品的生产完成时间和第 j 个产品的生产时间。其中，M 是一个足够大的正数，这使得当车辆不从节点 i 行驶到节点 j 时，α_j 是不受约束的。约束条件(4)补充约束条件(3)，以确保生产完成交付时间不少于其自身的生产时间。这组约束是必需的，因为行程中的第一个配送节点没有被约束条件(3)涵盖。约束条件(5)表示交付完成时间，类似于约束条件(3)，其中生产时间 p_i 被替换为旅行时间 t_{ij}。约束条件(6)类似于约束条件(4)，并确保任何节点的交付完成时间不少于从起始节点到该节点的直接行程时间。约束条件(7)确保产品在生产后交付。约束条件(8)规定到期日期，而约束条件(9)指定行程时间 γ 不少于上次交货完成时间和返回起始节点时间之和。最后，约束条件(10)表示变量的类型。生产完成约束条件(3)和交付完成约束条件(5)也可用作子回路消除约束。

4.3.4.3 SPTP与TSP解的区别的示例

让我们通过一个示例来了解 SPTP 的情况，该示例还描述了通过所有客户位置的最小总行程时间解决方案(即，TSP 解决方案)如何导致比最佳 SPTP 解决方案更高的行程时间。在这里，车辆的总行驶时间是其移动的总时间，不包括生产完成的任何等待时间。相反，行程时间是车辆从仓库开始、进行所有交货并返回仓库的总经过时间。参数详情如表 4-1 所示。

表 4-1　参数表

n	4				
d_i	-	24	24	24	24
p_i	-	6	3	5	7
T	0	8	5	8	9
	8	0	2	5	7
	6	2	0	1	3
	5	3	1	0	3
	9	4	7	3	0

考虑一系列配送任务“0-1-2-3-4-0”，TSP 解决方案的最短总行驶时间为 23（8+2+1+3+9）。在 TSP 行程中，总行程时间为 30。图 4-3 中的甘特图表示了生产完成时间 α_i、交付完成时间 β_j 和行程时间 γ，可以看出，在车辆到达其交付地点之前，第一种产品的生产已经完成。因此，第二种产品的生产甚至在第一次配送之前就开始了。同样，第三种产品的生产与第二次配送的运输重叠。对于第三次配送，即使车辆已到达配送地点，生产也未完成，因此必须等待。同样，对于第四次配送，有一个等待时间。由于这些等待时间，与 TSP 解决方案对应的行程时间可能大于与 SPTP 解决方案对应的最佳行程时间。

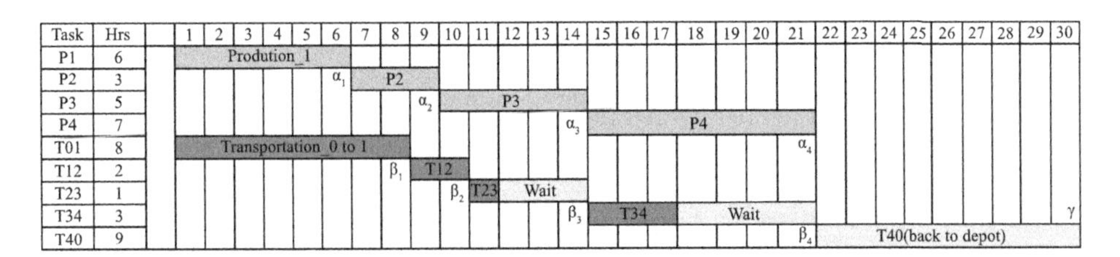

图 4-3　包含生产完成、交付完成和行程时间的 TSP 解

如图 4-4 所示，最佳的 SPTP 解，即序列 0-4-3-1-2-0 的行程时间是 26。在这种情况下，总行程时间为 24(9+3+5+2+5)，大于 TSP 解决方案的总行程时间 23；但是，总行程时间从之前的 30 减少到 26。这种减少是因为在 SPTP 的最佳顺序中，车辆的空闲时间随着生产和运输的更大重叠而大大减少。

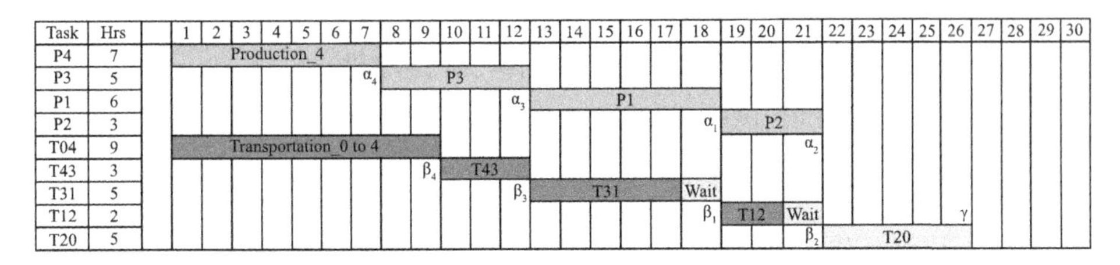

图 4-4　包含生产完成、交付完成和行程时间的 SPTP 解

对于 SPTP 问题的求解(如使用求解器求解上述混合整数线性规划模型)随着问题规模的扩大而难以在合理的时间内找到最优解。因此，除了对 SPTP 进行最优求解之外，也可以使用变邻域搜索元启发式方法等方法，以非常快速地获得良好的可行解。启发式方法结合了构建阶段的多起点修改最近邻城搜索和改进阶段的随机双选择搜索，以在短时间内提供接近最优的解决方案。

参考文献

[1] Chen Z L. Integrated Production and Outbound Distribution Scheduling: Review and Extensions[J]. Operations Research, 2010, 58(1): 130-148.

[2] Chen Z L, Hall N G. Integrated Production and Outbound Distribution Scheduling: Offline Problems [M]//Supply Chain Scheduling. Cham: Springer International Publishing, 2021: 53-136.

[3] Dwivedi G, Chakraborty S, Agarwal Y K, et al. Simultaneous Production and Transportation Problem: A Case of Additive Manufacturing[J]. Transportation Science, 2023.

[4] Kumar R, Ganapathy L, Gokhale R, et al. Quantitative approaches for the integration of production and distribution planning in the supply chain: a systematic literature review[J]. International Journal of Production Research, 2020, 58(11): 3527-3553.

[5] Lee C Y, Chen Z L. Machine scheduling with transportation considerations[J]. Journal of Scheduling, 2001, 4(1): 3-24.

[6] Potts C N. Analysis of a heuristic for one machine sequencing with release dates and delivery times[J]. Operations Research, 1980, 28(6): 1436-1441.

[7] Pundoor G, Chen Z L. Joint cyclic production and delivery scheduling in a two-stage supply chain[J]. International Journal of Production Economics, 2009, 119(1): 55-74.

[8] Zhang S, Song H. Production and distribution planning in Danone waters China division [J]. Interfaces, 2018, 48(6): 578-590.

第5章 重构中的联合优化

随着工厂智能化的发展，各个生产环节可以更好地被监测与控制，这使得各个生产环节之间的联合优化成为可能。通常来讲，工艺流程、产线布局、生产排程、物流调度、仓储管理等重要环节的决策是独立进行的，在具体的生产实践中体现在它们分别由不同的部门和团队来负责。但事实上，如果从全局角度来考虑，各个环节独立得到的最优决策通常对于全局是次优的。例如，生产计划部门通过优化排程实现了高效的产出，但物流调度部门从成本出发完成的物流决策却不能够提供足够的运输能力，这会造成大量的制成品或在制品的积压。我们可以看到，在这一过程中，两个环节的目标函数实际上存在一定程度的冲突，需要进行适宜的权衡，故而，大部分的独立决策都要经过各个部门的协商与调整之后再付诸实践。在企业的现实经营中，这个过程通常由圆桌会议等方式来完成。

完成智能生产线的重构，建立其在虚拟世界中的仿真过程，可以使我们从全局出发，通过对各个环节进行联合优化的手段，提升整个生产过程的总体效益。联合优化有三个潜在的好处。

(1) 职合优化可以促进生产效率和生产力的提高。通过考虑各个环节之间的相互依赖和制约关系，联合优化方法可以产生与生产系统的能力和目标更加一致的解决方案。这可以减少遇到的瓶颈、解决效率低问题，并最终得到更高的产出和更低的生产成本。

(2)联合优化可以支持实时决策。通过根据生产系统的最新信息持续更新决策和方案，联合优化可以使生产经理就如何分配资源和调整生产过程做出及时和明智的决定。这可以提高对需求和其他因素变化的反应能力，并支持敏捷和精益生产方法的实施。

(3)联合优化可以促进先进技术与生产过程的整合。例如，联合优化可以使来自传感器、物联网(IoT)设备和其他来源的数据整合到生产过程中。这可以为生产线提供有价值的信息，并支持自动化、机器人技术和人工智能等先进技术的实施。

联合优化这一话题近年来受到众多研究人员的广泛关注，已经具有一定规模的理论基础和学术实践，我们将在本章进行梳理。

联合优化从联合程度上可以分为两类：一类是在独立环节进行优化决策时，将其他环节的种种因素纳入考虑(体现在目标函数或者部分约束上)；另一类是将两个或更多的独立环节共同进行优化(体现在决策变量上)。前者通常被称作“关联模型”，后者通常被称作“组合模型”，两者在面对不同的具体问题场景时有着不同的特性和表现，是联合优化的两种重要思路。

本章对工艺流程与产线布局、工艺流程与生产排程、产线布局与生产排程、产线布局与物流调度、生产与物流调度、仓储库存与物流运输以及其他联合优化问题进行介绍。

5.1 工艺流程与产线布局的联合优化

5.1.1 问题介绍

在工业生产中，工艺流程和产线布局是两个重要的因素。工艺流程事实上决定了工业生产中物料、人员和设备之间的运动路径，决定了生产过程中物料和人员在工厂内部如何移动。产线布局则指的是工厂内部设备和工作站的摆放方式，决定了工业生产中的物料、人员和设备如何配合工作。这两者的联系本身就是十分密切的。

工艺流程和产线布局的联合优化问题是指，如何通过调整工艺流程和产线布局来提高工业生产的效率和质量。这个问题需要考虑许多因素，包括生产过程中的物料、人员和设备，以及工厂内部的空间限制和时间限制。

通常来讲，工艺流程的设计一旦完成是很难调整的。但是在数字化重构之后，对于工艺流程的调整就不再是一个问题。也就是说，在数字化重构中的工艺流程是具有完全柔性的柔性工艺规划。在柔性工艺规划中，每一种产品可以选择多条工艺路线，这为工艺流程和其他环节结合的联合优化提供了基础。

多工艺路线与车间产线布局联合优化模型以降低总体物流成本的车间布局方法为基础，结合柔性车间三大工艺柔性特点，对多工艺路线和车间产线布局进行同步优化，是具有广泛适用性的设计方法。在这个模型中，多工艺路线规划和车间布局规划均作为模型的决策变量，根据不同产品的订单量决定该种产品工艺路线在总体规划中的影响程度，同时将与日常制造生产密切相关的出入库物流和换模物流纳入总体物流成本的考量之中，以使该模型更加贴近实际生产情况。

针对该模型，可以使用多决策变量智能优化算法。该算法以整体函数优化为导向，单独或同时对各变量的解进行优化迭代，迭代过程中不同变量的解之间相互没有影响，防止出现各子问题先后迭代至最优、总优化目标却不为最优的情况，同时各决策变量采用不同的优化迭代方法，保证了整体解的寻优效率和多样性。

5.1.2 案例：多工艺路线与车间布局联合优化

1. 问题介绍

问题源自制造企业的柔性车间布局设计项目。这类柔性车间一般以降低总体物流成本为目标进行两阶段布局与工艺规划：第一阶段基于工艺约束构建模型，求解得到各工件的工艺路线；第二阶段以第一阶段求解得到的工艺路线为基础进行车间布局建模，再求解得到方案。两阶段优化设计方法将复杂的联合优化问题拆解为易于求解的两个子问题进行逐步求解，然而求解过程中忽略了子问题之间的相互影响，以第一阶段最优工艺路线为参数得到的车间布局方案的总体物流成本并不一定是最低的。多工艺路线与车间布局联合优化模型以总体物流成本最低为优化目标，同时求解多工艺路线与车间布局，避免了先后求解上述两个子问题所产生的问题。

2. 模型介绍

记 m 为车间的产品种类，n 为车间工艺路线中涉及的设备数量（包括加工设备和仓库），t 为车间加工设备的数量（由于包含关系，有 $t<n$），g 为总的工艺步骤数量（不同产品的相同工艺步骤不重复统计）。

变量参数	含　　义
i，j，r，e，q	参数序号
m	产品种类
n	设备数量
t	加工设备数量
g	工艺步骤数量
c	物流成本系数

续表

变量参数	含　　义
z_i	第 i 类产品的订单量
$\boldsymbol{B}$	固定位置的设备编号集合
$f_{t\times 1}$	t 维设备换模频率
$k_{i,j}$	工艺 j 在第 i 类产品工艺中的序号
$p_{i,j}$	工艺 j 在第 i 类产品工艺路线中选择的设备
$\boldsymbol{\Omega}_j$	工艺 j 可选设备的集合
l_e	第 e 个设备区域的长
ω_e	第 e 个设备区域的宽
L	车间长度
W	车间宽度
x_e	第 e 个设备区域的横坐标
y_e	第 e 个设备区域的纵坐标
$\boldsymbol{R}$	实数集合

然后，记 n 阶 0-1 矩阵 $p_{n\times n,i}$ 为车间第 i 类产品的工艺路线，$i=1, 2, 3, \cdots, m$；记矩阵 $\boldsymbol{D}_{n\times n}$ 为车间 n 台设备的间距；记列向量 $\boldsymbol{d}_{1\times t}$ 为车间各加工设备与模具库的距离。

故而，针对该问题，我们可以建立数学模型如下：

$Z = c\left(\sum_{i=1}^{m} z_i \cdot \boldsymbol{p}_{n\times n,\ i} \cdot \boldsymbol{D}_{n\times n} + f_{t\times 1} \times \boldsymbol{d}_{1\times t}\right)$	(1)
$k_{i,j}<k_{i,r}$　　$i=1, 2, \cdots, m$; $j, r=1, 2, \cdots, p, j\neq r$; $p_{i,j}\in\boldsymbol{\Omega}_j$; $i=1, 2, \cdots, m$; $j=1, 2, \cdots, p$	(2)

续表

$\left(\lvert x_e-x_q\rvert>\frac{l_e+l_q}{2}\right)\vee\left(\lvert y_e-y_q\rvert>\frac{w_e+w_q}{2}\right)$	$e,\ q=1,\ 2,\ \cdots,\ n,\ e\neq q$	(3)
$\left(l_e<x_e+\frac{l_e}{2}<L\right)\wedge\left(w_e<y_e+\frac{w_e}{2}<W\right)$	$x_e=E;\ y_e=E';\ e\in \boldsymbol{B};\ E,\ E'\in \boldsymbol{R}'$	(4)

3. 方法介绍

该模型可以使用多种智能算法、搜索算法来求解。这里介绍最基础的基于遗传算法思路的计算过程，步骤如下：

算法 1　遗传算法

第 1 步：对工艺路线种群、车间布局种群和设备布置方向种群进行初始化。

第 2 步：对工艺路线种群与车间布局种群的种群分散度进行判定与优化，达到初始化种群分散度的要求后执行。

第 3 步：对工艺路线种群和车间布局种群的工艺约束和布局约束进行判定修正，即符合特定工艺顺序需求，同时设备间距大于零且各设备不超出车间边界才能执行。

第 4 步：计算初始化种群的适应度，对个体和全局最优种群(p 和 g)进行初始化赋值。

第 5 步：判断是否执行种群休整，是则在后续迭代更新中跳过第 7 步；否则依次执行以下步骤。

第 6 步：对工艺路线种群进行交叉和变异操作，完成工艺路线种群进化。

第 7 步：对车间布局种群的更新和设备布置方向进行变异操作。

第 8 步：再次对工艺路线种群和车间布局种群的工艺约束和布局约束进行判定修正，完全符合约束后执行第 9 步。

第 9 步：计算种群适应度，并更新个体与全局最优种群。

第 10 步：判断是否达到最大迭代次数，是则结束该优化过程；否则重复第 5 步到第 9 步。

4. 结果与结论

多工艺路线与车间布局联合优化模型的求解特点在于，两种变量可以在各自维度上对解进行搜索。该案例针对该问题提出多决策变量优化算法，当初始种群的量与分散度足够大时，在解的两个维度上分别采用具有全局搜索特点与局部寻优特点的算法，从而在对函数目标值快速求解的过程中保持较强的全局搜索能力，并通过实验，在全局搜索和局部寻优两个角度证明了该联合优化算法的适用性和有效性。智能工厂建设的浪潮刚刚兴起，对智能柔性车间规划进行设计优化的需求会越来越大，多工艺路线与车间布局联合优化模型是将工艺路线和车间布局联合优化的初步尝试，而与车间布局优化相关的规划设计不只有工艺路线，有必要构建整体性、系统性的智能工厂设计理论，同时与此相关的多元非线性约束优化算法也是需要进行深入研究的领域。

5.2 工艺流程与生产排程的联合优化

5.2.1 问题介绍

工艺规划是系统地确定产品的生产方法，使之具有经济性和竞争性。流程规划功能的主要目标是生成流程计划，其中规定了生产产品所需的原材料/组件，以及将原材料转化为最终产品所需的流程和操作。工艺规划的结果是制造过程所需的信息，包括确定机器、工具和夹具。调度将一个特定的任务分配给一个特定的机器，以满足一个给定的性能指标。它受工艺计划规定的工艺排序指令和生产资源的时间阶段性可用性的约束。因此，工艺计划和排程都涉及资源的分配，并且是高度相互关联的。

传统上，工艺规划和排产是在两个不同的、连续的阶段进行的，其中排产是在工艺规划之后单独进行的。这种方法是基于将任务细分为较小的和分离的职责的概念，以满足次优化的要求和适合大规模生产。这种分离的传统方法会带来由以下原因导致的问题：

(1)流程规划师假设车间是空闲的，车间里总是有无限容量的资源。因此，工艺规划师对最推荐的替代资源进行规划。这导致流程规划师倾向于反复选择理想的资源。此外，资源在车间里并不总是可用的。因此，不切实际的工艺计划将产生，可能在车间里不容易执行。

(2)在传统方法中，固定的工艺计划将时间表限制在每个操作只有一台机器。因此，使用替代机器的可能的计划选择被忽略了。

(3)即使在工艺计划阶段考虑了动态车间状态，由于计划阶段和调度阶段之间的时间延迟，在计划阶段考虑的约束条件可能会发生很大变化。因此，生成的工艺计划可能成为次优或无效的。

(4)工艺规划和调度都集中在单一标准的优化上，以确定最优方案。然而，真实的制造环境涉及不止一个优化标准。

故而将这两个制造子系统进行集成，能有效地提高生产效率和提升产品质量。集成式工艺规划与生产调度（Integrated Process Planning and Scheduling，IPPS)的集成优化技术能够在工艺规划执行的同时，考虑制造车间的机器状态、制造资源和订单交货期等约束条件，生成更符合调度环境的工艺路线，能够进一步推进制造系统的智能化。

集成方法比传统方法更能应对目前的制造环境。采用集成方法可以提高灵活性、产品的盈利能力和资源利用率，缩短产品交付时间，创建现实的工艺计划(可以随时执行而不需要频繁的修改)。这种方法广泛应用于化工、冶金、航空、航天等制造领域中，具有重要的研究意义和工程价值。

5.2.2 IPPS 问题的求解策略

工艺规划和生产调度整合问题的解决策略遵循三种策略：分层、迭代、整合。它们都将问题分解成两个子问题：主子问题(高层或策略级子问题)和从子问题(低层或操作级子问题)。策略级子问题通过采取高层次的决策来解决工艺规划，如生产目标和数量、原材料的选择和技术操作顺序。相比之下，操作级子问题解决并提供关于调度过程的详细信息。高层决策被用作操作级子问题的输入。如果信息流只从主子问题流向从子问题，那么这个方法被称为分层的。如果有一个反馈回路到主程序，那么这个方法就被称为迭代式。整合的方法对应的情况是，由于多个机床能够执行相同的操作，产生了多个工艺计划的变体。因此，这种方法包含每个工艺计划的详细调度模型。虽然它产生的解决方案比其他的好，但优化模型很难解决，需要先进的方法。下文讨论这三种策略的主要特点。

1. 分层方法

在这种方法中，主子问题提供了一组高级决策，如生产目标和任务或操作的选择。这些信息作为低层次从属子问题的输入，用于计算完整的时间表。工艺规划问题在最初解决时，没有考虑详细的调度约束。因此，工艺规划在调度层面上不一定可行，它的解决方案与综合问题是绑定的。接下来，通过固定在计划层面确定的决策变量来解决调度问题。但是，由于初始方案没有考虑调度约束，因此所得到的解决方案与最优解决方案之间的差距可能很大。

2. 迭代方法

这种方法允许负责解决工艺规划的策略级(主)子问题和解决调度的操作级(从)子问题之间进行系统的信息交流。它提供了一个可行的解决方案，但不一定是最优的。然而，解决方案的质量通常比分层方法得到的解决方案要好。迭代方法试图缩小操作层面(调度)和战术层面(流程规划)之间的信息差距。反馈回路的目标是找到更好的高层解决方案，使得在高层找到不同的解决方案并在低层进行评估成为可能。因此，分层方法的优化差距会比较小。混合整数线性规划(MILP)方法已被广泛用于实现这种方法。MILP 模型可以用于同时解决连续工厂环境中的工艺规划和排产问题(具有大规模或连续生产的行业或车间，如制药、纺织、食品、鞋类、造纸和化学产品行业，其特点是生产许多相同项目的高生产率工厂)。考虑到对排产的影响，MILP 被用来求解主子问题的松弛，并纳入排序的约束，而排产则是针对上层在下层定义的工作子集而求解的。这两个子问题被迭代求解，直到下限和上限收敛。

3. 整合方法

在整合方法中，主(工艺规划)子问题和从(调度)子问题之间没有分离。虽然这种方法可能会得到更好的解决方案，但计算时间可能非常大或无法接受。对于这个困境，可以使用 MILP 和 CP 的混合方法，使用基于逻辑的 Benders 算法来解决综合工艺规划和调度问题。MILP 用来解决主子问题，而 CP 用来解决从子问题。

5.2.3 IPPS 联合优化模型

IPPS 问题的联合优化模型也可以分为三类，分别是非线性方法、闭环式方法、分布式方法。其中，前两类只是进行了一定程度的信息传递和共享，而第三类是两者功能的集成。

1. 非线性方法

非线性方法的主要思路是在进行生产调度之前，生成大量的工艺流程规划的备选方案，从而在生产调度之中，根据生产调度的切实需求，从中选择合适的工艺流程规划。具体来讲，它通过考虑操作的灵活性（在一台以上的机器上进行操作的可能性）、顺序的灵活性（改变所需制造操作顺序的可能性）和加工的灵活性（用其他操作或操作顺序生产相同的制造特征的可能性），在每个零件进入车间之前创建多个工艺计划。其基本假设是，所有可以提前解决的问题都应该在制造开始前解决。也就是说，这是一种基于静态的生产情况的方法。所有这些可能的工艺计划都根据工艺规划标准（如总加工时间和总生产时间）进行排序，并存储在工艺规划数据库中。当工作需要时，第一优先计划总是准备好提交，然后由调度做出真正的决定。如果第一优先计划不能很好地适应车间的当前状态，第二优先计划就会提供给调度。这个过程不断重复，直到从已经生成的工艺计划中找出一个合适的计划。我们将该方法的主要特征总结如下：

（1）工艺流程规划包含备选路线，为调度提供高度的灵活性。

（2）包含改善离线调度性能的可能性，能对车间的干扰做出快速反应。

（3）信息流是单向的，即从工艺计划到生产计划。因此，在整合两种功能时可能无法达到完全的最佳效果。

（4）根据实时的车间状态，一些创建的工艺计划是不可行的。

（5）考虑到所有可能的资源分配过程，可能会极大地增加过程计划的复杂性。

非线性方法是 IPPS 的最基本模式。由于该模型的整合方法非常简单，所以在其基础之上，可以进行灵活多变的拓展和改进。

2. 闭环式方法

闭环式方法是一种基于动态和实时反馈机制的 IPPS 方法。在这里，工艺计划是在考虑到资源的可用性和调度目标后产生的。工艺规划和调度系统都可以相互作用，根据生产设施的实时状态生成一个可行的过程计划。换句话说，闭环式方法的调度系统能够访问车间内机器的现有状态（可用性），以便将其分配给传入的工作，以实现预期的调度目标，如完工时间、交付到期日、迟到等。在这种方法中，每一个流程计划都是可行的，可以在车间里随时执行，不需要改变。每次在车间完成一个操作，通过研究基于特征的工件描述，来确定下一个操作并分配资源。因此，来自工厂层面的动态更新对于在闭环式方法中创建一个基于实时的工艺计划起着至关重要的作用。闭环式方法也可以被称为在线 IPPS 方法，以及实时方法或者动态方法。我们将其特点总结如下：

（1）每个生成的工艺计划都是可行的，并基于当前的车间条件。

（2）增强了工艺规划系统的实时性、直观性和可操作性。

（3）制造系统的实时状态至关重要，且需要高容量的软件和硬件。

（4）适应步进的局部观察限制了后续操作的解决空间。

闭环式方法可以很好地将 IPPS 带到一个真正的集成系统中，其对于实时数据的需要也使得其有一定的动态模型要求。

3. 分布式方法

分布式方法的主要思路是同时进行工艺规划和生产调度。它也被称为并发过程规划或协作过程规划。顾名思义，分布式方法在流程规划和安排的两个分散和平行的阶段工作。第一个阶段被称为预规划阶段，第二个阶段被称为最终规划阶段。在第一个阶段，工艺规划功能对产品数据进行分析，识别特征和特征关系，确定对应的制造过程，并估计所需的机器生产能力。此外，还分析了所需机器的功能和可用的制造灵活性，以及不同工作之间的关系。在第二个阶段，根据车间的现有状况对工艺计划进行编辑，将所需的工作操作与现有生产资源的操作能力相匹配。分布式方法是由实时事件制约的动态过程规划和生产调度。我们将其特点总结如下：

(1)完全整合了过程计划和调度功能，并提供合理的时间表而不产生多余的过程计划。

(2)并行地执行过程计划和调度，每个阶段的活动发生在不同的时间段。

(3)流程规划和日程安排之间的互动从一个更全面的层面开始，在一个更详细的层面结束。

(4)需要高容量的软件和硬件，在一些特定的CAPP功能中范围有限，如工艺和机器选择，因为详细的工艺规划任务被转移到制造阶段以提高灵活性。

(5)是真正的综合方法，有完整的解决方案空间，但由于巨大的解决方案空间，在合理的时间内找到一个可行的解决方案是困难的。

分布式方法的协同性是更强的，但是其内核是一个分层决策的过程，故而整体性可能有所不足，带来的决策难度也会相应地上升。

4. 其他方法

除上述三类方法之外，还有一些无法归类到以上三类思路的方法，下面进行简单的介绍。

(1)计算机管理流程规划(CMPP)模型，它是在现有的计算机辅助工艺过程设计规划上的改进，这种方法没有建立一个新的优化模型，而是通过对软件决策过程添加一些人为的限制来实现。

(2)基于闭环式方法和非线性方法的整合模型，它将决策过程分成了四个模块，即工艺规划模块、生产排程模块、调度分析模块和工艺规划修改模块。该模型能够聚合两类方法的优点，提供更有效的联合优化。

(3)基于非线性方法和分布式方法的整合模型，它的主要特点是工艺规划和生产排程同时进行，再使用启发式算法进行不断迭代寻优。它的思路类似于将两个过程及其交互的各种可能性都扩展开来，从而进行优化决策。

5.2.4 IPPS 问题的求解算法

IPPS 问题具体的实现求解可以根据实际的问题场景和特性来使用独特的算法。事实上，大量的启发式算法、智能算法以及各种基于人工智能的方法已经被开发出来用于解决 IPPS 问题。以下是几种典型的方法：

1. 基于代理的 IPPS 求解方法

基于代理的方法允许分散的控制和决策，将联合决策的各个部分视作独立的代理人，由代理人之间的有效互动来完成决策过程。例如，在优化决策的过程中，每台机器同时做出关于工艺计划和调度的决定，它们被模拟成一个使用进化人工神经网络的学习代理，以实现其他机器之间的互动所产生的适当决定。这种方法有效地实现了联合优化中的彼此影响和互动。Chan 等人提出了基于 MAS(多代理系统)的综合、分布式和合作式流程规划系统的框架，称为 IDCPPS。这些任务被分为三个层次：初始规划层、决策层和详细规划层。①初始规划层包括特征重组、加工工艺的选择、工艺序列的生成和可制造性评估。这一层次的结果是一套备选的工艺计划。②决策层与调度系统互动，以考虑车间资源的可用性。这一层次的结果是一套经过排序的接近最佳的替代工艺计划。③详细规划层包括刀具选择、最终机床选择、机床参数确定，以及加工成本和时间的估算。这一层次的输出是最终的详细线性工艺计划。在工艺计划的每个阶段都考虑了与调度的整合。简单来说，IDCPPS 系统是一个通过将下游约束条件纳入设计阶段的 CAD 工具，它还整合了工艺规划和调度，在 MAS 的帮助下，它对制造条件和生产任务的变化做出了持续的反应。

2. 基于 Petri-net 的 IPPS 求解方法

Petri-net 是一种对离散和平行系统的数学描述。它适用于描述异步和并发的计算机系统。Petri-net 有严格的数学表述，也有直观的图形表达。Petri-net 已被广泛用于灵活生产调度系统（FPSS），自然也可以用在 IPPS 中：首先，使用 Peri-net 来描述工艺流程规划，然后通过 Petri-net 将工艺规划系统和调度系统整合在一起。

3. 基于算法的 IPPS 求解方法

基于算法的方法通常是基于非线性方法的，其步骤通常如下：第一步，利用工艺规划系统生成所有工作的备选工艺计划，并根据模拟结果选择用户定义的最佳计划数量。第二步，利用调度系统中的算法来模拟基于所有工作的备选工艺计划的调度计划。第三步，根据模拟结果，确定每个工作的工艺计划和调度计划。这种方法是可行的，但它最大的缺点是仿真时间可能很长。因此，寻找合适且高效的算法就变得非常重要。在这种方法中，大多数研究集中在进化算法上。蜂群智能、其他一些元启发式方法［如 SA、TS 和人工免疫系统（AIS）］，以及一些混合算法也被用于解决 IPPS。

5.2.5 案例：大型灵活工作车间的综合流程和排程调度

OlehSobeyko 和 LarsMönch 设计了一种综合的工艺规划和生产调度（IPPS）方法，适用于具有总加权迟延（TWT）目标的大型灵活作业车间。该方法是一个两层的分层方法，在顶层使用基于 VNS 的方案来选择材料清单和每个产品的路线；在底层通过 LS 方法解决所产生的大尺寸灵活工作车间调度问题实例。在仿真实验之中，他们证实了其方法的可行性和优越性。

1. 问题介绍

该案例研究了包含 m 个机器组 M：$\{M_1, M_2, \cdots, M_m\}$ 的灵活工作车间。不相关的并行机器，即提供相同功能的机器组成一个机器组。可以在机器 M_i 上进行的操作是 $O(M_i)$。我们假设每个操作都有一个唯一的 M_i，即 $O(M_i)\cap O(M_j)=\emptyset$，$\forall\ i\neq j$。此外，假设在一台机器上执行操作时，不可能出现抢占。

本案例中考虑了不同的产品 p_1，…，p_r。一份材料清单是由一组子部件组成的，它描述了子部件之间的技术优先约束，在此，我们只考虑具有收敛结构的物料清单。物料 B_{iz}被分配给产品 p_i。这是一个合理的假设，因为某个子部件可能由不同的供应商生产。一个子部件可以有替代路线。为制造一个子部件而必须连续进行的一系列操作构成了一条路线。操作必须在属于该操作的机器组的一台机器上进行。在这个案例中，假设一个子部件的替代路线是相同操作的排列组合。

2. 模型介绍

对产品 p_i 的材料清单和该材料清单所有子部分的路线的选择构成了该产品的工艺计划。称这个工艺计划为 Pp_i。产品 p_1，…，p_r的工艺计划由 $\boldsymbol{PP}=\{PP_1, \cdots, PP_r\}$ 给出。如果有必要，我们将从给定的产品集合中指出这种依赖关系。属于产品 p_i 的第 s 个订单是 O_{is}。这个订单有一个准备时间 r_{is}一个到期日期 d_{is}和一个权重 w_{is}。此外，C_{is}是这个订单的完成时间。它的迟到时间由以下公式给出：

$$t_{is}:=\max(C_{is}-d_{is}, 0)$$

需要最小化的性能指标 TWT 是：

$$TWT:=\sum_{i,s} w_{is}t_{is}$$

需要做出的决策是：

(1)必须为每个产品选择一个材料清单。

(2)必须为所选择的物料清单的每个子部分选择一条路线。

(3)必须对步骤(1)和步骤(2)的决定所产生的操作进行安排。

使用确定性调度的标准 $\alpha \mid \beta \mid \gamma$ 表示方法，则这个 IPPS 问题可以做如下表示：

$$FJ \mid r_{is}, \text{BOM}, \text{alter} \mid TWT$$

其中，FJ 指的是 α 中的灵活作业车间，BOM 和 alter 表示 β 中的备选材料清单和路线。

3. 方法介绍

该案例使用基于 VNS 的方法进行求解。该方法将 IPPS 问题分解为两个子问题：第一个子问题是通过选择材料清单和每个产品的路线来确定工艺计划；第二个子问题是对属于所选工艺计划的子部分的操作进行调度。

考虑到所描述的分解，一个过程规划者将与一个调度者一起协作。调度员与车间进行互动。流程计划员负责以下任务：

(1)分析来自调度员的反馈；

(2)选择物料清单；

(3)选择路线；

(4)向调度员发送工艺计划；

(5)终止流程规划过程；

(6)通知调度员终止流程计划的情况。

调度员执行以下任务：

(1)根据提议的过程计划，即来自过程计划者的一组物料清单和路线，确定时间表；

(2)计算时间表的性能测量值；

(3)将评估当前工艺计划的结果发送给工艺计划员；

(4)在流程规划过程结束后，将最终的时间表发送给车间。

分解程序是反复进行的：首先选择一个初始流程计划；调度员通过计算进度表的 *TWT* 值来确定这个过程计划的质量；过程计划员根据获得的性能测量值迭代地确定新的过程计划；调度员再次对这些流程计划进行评估。这样分解有一个优点，即复杂的算法可以用于流程规划和调度层面。

细节来讲元启发式的 VNS 方法是扩展了一个基本的邻域搜索程序，使其能够避免局部最优。当邻域搜索方案卡在一个非全局最优时，会使用随机选择解决方案的邻域来重新启动它。在案例中，应用了 Skewed Reduced VNS(SRVNS)。Skewed VNS 是一种 VNS 变体，允许接受不一定能改善解决方案的移动。对于有性能指标 f 需要最小化的组合优化问题，一般的 SRVNS 算法可以描述如下：

算法 2　SRVNS 算法

第 1 步：初始化。选择不同的邻域结构 N_k($k=1$，2，…，k_{max})，寻找一个初始解 x 和相应的 $f(x)$ 值。初始化 $x^* \leftarrow x$ 。选择一个终止条件和一个参数值 λ。初始化 $k \leftarrow 1$。

第 2 步：重复下面的步骤，直到满足停止条件。

第 3 步：随机选择一个邻域 $x' \in \boldsymbol{N}_k(x)$。

第 4 步：是否有改善：如果最佳解 x^* 被 x' 超越，则更新 $x^* \leftarrow x'$。

第 5 步：是否前进：如果 $f(x')-\lambda\rho(x^*, x)<f(x)$ 那么就用 $x \leftarrow x'$ 更新目前的解。此外，设置 $k \leftarrow 1$，否则设置 $k \leftarrow k \bmod k_{max}+1$。转到第 2 步。

在 SRVNS 方案的第 5 步中，$\lambda>0$ 是一个比例参数，而函数 ρ 则是衡量解的距离。这一步允许在某些情况下接受非改进性的移动。过程规划层面

的搜索空间是 $\boldsymbol{PP}=\{PP_1, \cdots, PP_r\}$。接下来，指定应用的参数化邻域结构，为该案例中的问题定制 SRVNS 方案。需要引入以下符号：

产品，$p_i(i=1, \cdots, r)$ 的备选物料清单被称为 B_{iz}。物料清单 B_{iz} 有 $B_{iz}|$个子部分。材料清单 B_{iz}的第 j 个子部分的第 l 条路线用 R_{izjl}表示。R_{izjl}的数量为$R_{izjl}|$是指制造 R_{izjl}必须进行的操作数量。案例中，使用如下的邻域结构：

(1) $N_1(k)$：随机选择产品$p_{i1}, \cdots, p_{ik}$。对于每个具有物料清单 B_{iz}的这些产品 p_i，随机选择一个物料清单 B_{iz^*}，其中 $z \neq z^*$ 成立。对于属于 B_{iz^*}的第 j 个子部件，选择与 B_{iz}中第 j 个子部件相同的路线。如果不可能，就随机选择一条路线。

(2) $N_2(k)$：随机选择产品 $p_{i1}, \cdots, p_{ik}$。对于每个具有物料清单 B_{iz}的这些产品 p_i，随机选择该物料清单中的 $s \sim DU[1, |B_{iz}|]$个子部件，其中符号 $DU[a, b]$，代表$\{a, \cdots, b\}$上的离散均匀分布。在每个选定的子部件中随机选择一条替代路线。

(3) $N_3(k)$：根据概率 $p_i := \sum_s w_{is}t_{is} / \sum_{j,s} w_{js}t_{js}$ 的离散分布，从 $p_1, \cdots, p_r$ 中随机选择若干个不同的产品$p_{i1}, \cdots, p_{ik}$，其中迟到值取自己经找到的最佳方案。基于概率 $p_{iz^*} := 1 - RPt_{iz^*} / \sum_z RPt_{iz}$，对于每个选择的 p_i 与物料清单 B_{iz}，选择一个替代的物料清单 B_{iz^*}(如果可能的话)。此处，RPt_{iz}是基于物料清单 B_{iz}，制造 p_i 所需的估计原始加工时间(RPT)。此外，相应的路线选择是为邻域结构 N_1 进行的。

我们看到，N_1 和 N_3 通过改变产品的物料清单来探索解决方案的空间。与此相反，N_2 只改变了路线。因此，在一般情况下，不能保证在这些邻域结构的基础上，用有限的移动次数就能得到一个具有最小 TWT 值的解决方案。为了避免这一缺点，为规定的 k 值设计了组合邻域结构。以这种方式定制的并行 SRVNS 方法被称为 TPSRVNS。TPSRVNS 方法即为该案例的高效方法。

4. 结果和结论

该案例描述了一种解决 IPPS 问题的方法。相应的车间是由一个大规模的灵活工作车间提供的。使用了 *TWT* 作为性能测量的指标。该案例提出了一个两层的分层方法来解决这个问题：在顶层使用基于 VNS 的方案来选择材料清单和每个产品的路线；在底层通过邻域搜索方法解决所产生的大尺寸灵活工作车间调度问题实例，使用了灵活工作车间的二分法图表示。所使用的 TPSRVNS 类型的方法与简单的启发式方法相比，在仿真和实践中具有明显的优势。

5.3 产线布局与生产排程的联合优化

5.3.1 问题介绍

产线布局和生产排程的联合优化是一个复杂和具有挑战性的问题。这个问题的目标是找到设施的最佳布局和生产活动的最佳时间表，以最大限度地提高效率和生产力，同时最大限度地减少成本和其他约束。

产线布局和生产排程的联合优化问题的一个关键方面是需要平衡冲突的目标和约束。例如，一个产线的布局可能需要为效率和生产力而优化，但这可能会牺牲其他目标，如灵活性和适应性。同样，生产活动的安排可能需要为成本和时间进行优化，但这也可能与其他目标相冲突，如质量和客户满意度。

这个问题的另一个重要方面是需要考虑制造业和其他生产环境的动态性质。例如，产线的布局和生产活动的安排可能需要根据需求、技术或其他因素的变化而调整。这就需要使用先进的建模和优化技术，以找到既有效又能适应的解决方案。

在制造业中，针对产线布局和生产排程进行联合优化的方法可以分为分层优化和集成优化两种。分层优化的做法是将问题分成若干个较为简单的子问题，再分别求解，这样可以降低求解难度。通常可以采取先调度再布局或者先布局再调度的顺序来实现分层优化。这种方法能够有效地解决较为复杂的车间环境下的布局和调度问题，而且具有良好的延展性，但很难实现全局最优。集成优化法则更注重全局性，旨在实现系统整体最优。但由于它是对两个 NP 难问题的叠加，因此求解难度更大。

5.3.2 案例：基于 PetriNet 的动态设施布局与生产排程的联合优化

该问题一个较好的实践范例是基于 PetriNet 的动态设施布局与生产排程的联合优化。PetriNet(PN)是一种表示离散事件的建模工具，该模型基于定时过渡 PetriNet(TTPN)来建立生产过程，它可以有效地表示装配时间，同时使用 PetriNet 来建立产线布局模型。

1. 问题介绍

传统的制造系统主要由流水线生产模式组成，在生产过程中只能生产一个或几个模型。它不能满足不断变化的个性化市场需求。因此，本案例提出了柔性生产模式，它可以满足不断变化的市场需求。柔性生产模式的设施包括设备和自动导引车。其中，多功能设施用于在组装过程中完成组装，可以生产不同的车辆。当设施装配完成当前流程时，AGV 将根据设施之间的生产计划将不同的汽车模型运送到下一个设施。该案例没有考虑 AGV 的分配策略。因此，每个工厂都将有 AGV 来运送汽车产品到不同的工厂。

在该问题中，产线布局主要是确定设施的摆放位置。在生产车间中，将工厂区域划分为各个设施所属的模块；车间可以看作一个矩形区域。设施布局将在合理利用该区域的前提下进行，模型将生成具体设施应当处于的位置。设施之间的直线距离等于物流运输的距离，该距离使用欧氏距离来计算。设施之间的关系可以分为两种类型：一种是有约束的流程关系；另一种是没有约束的。因此，由于生产物流的存在，就会存在与过程约束有关的设施之间的距离。进一步来说，设施布局和生产计划最终决定了产线物流的流向，而物流会影响生产效率和成本，所以该模型将设施间的物流成本作为优化目标，基于 TTPN 模型建立可达性图，通过搜索算法得到基于最小处理时间的生产计划方案，并对物流成本进行优化，从而得到最终的设施布局方案。

2. 模型介绍

离散并行系统的数学表示可以用 PetriNet 模型表示。它包含地点、过渡段及连接地点和过渡的有向弧。PN 可以用来研究离散事件系统的动态行为。基于时序的 PetriNet 引入了时间属性来描述活动的过程。它包括放置定时 PetriNet（PTPN）和定时速度 PetriNet（TTPN）。在该案例中，FMS 中的柔性生产模型由 TTPN 模型表示。地点代表设施，过渡段代表加工时间。

该案例的研究假设如下：

（1）AGV 的分配策略是设施之间的单向物流，AGV 的速度是 1 米/秒。

（2）装配过程是按照工作程序进行的。

（3）在装配过程中，备用零件是足够的。

（4）每个设施之间的零件物流距离是每个设施中心之间的直线距离。

（5）运输速度保持不变，因此，距离与时间成正比。

（6）装配需求将遵循顺序，也就是说，在装配投入过程的开始没有等待。

所用到的符号如下：

符号	含　　义
p	PN 的地点
$\boldsymbol{P}$	地点的集合
$M(p)$	p 地点的 token 数量
$I(p,\ t)$	输入弧的数量
$O(p,\ t)$	输出弧的数量
A_i	第一工序中的设施 i
B_i	第二工序中的设施 i
C_i	第三工序中的设施 i
L_{ij}	设施之间的线性运输距离
p_{ij}	通往设施的垂直距离
C_s1	设施之间的最小长度
C_s2	通往设施的最小垂直距离
x_i	设施 i 的水平坐标中心
y_i	设施 i 的垂直坐标中心
R_a	设施的半径
p_w	运输路径的宽度
t_t	生产处理时间
U	单位距离的物流成本
N_{ij}	设施 i 到设施 j 之间的运输次数
t_c	生产过程中的总物流成本
t_{nm}	生产过程中的总加工时间
M_0	初始标记

续表

符号	含　　义
C	发生矩阵
Pre	PN 的前发生矩阵
$Post$	PN 的后发生矩阵
$[N](\cdot, t)$	过渡段对应的列向量
TEMP	存储中间变量的临时列表
VISIT	存储访问变量的列表
t_i	对应的过渡段 i

数学建模如下：

$\min t_t = \sum t_{nm}$	(1)
$\min t_c = \sum L_{ij} \cdot N_{ij} \cdot U$	(2)
$L_{ij} > C_s 1$	(3)
$p_{ij} > C_s 2$	(4)
$x_{\min} < x_i < x_{\max}$	(5)
$y_{\min} < x_i < x_{\max}$	(6)
$C_s 1 = 2 R_a + P_w$	(7)
$C_s 2 = R_a + P_w / 2$	(8)

3. 方法介绍

该案例采用可达图算法或者搜索算法来搜索生成通往终端标记的路径，即最终的决策方案。

算法3 可达图算法

第1步：设置初始标记M_0，TTPN的发生矩阵为$C=Post-Pre$。

第2步：检查现有标记并开始循环，如果没有未标记的标记则继续，或者进入下一步骤。

第3步：去掉未标记的标记，计算新标记$M'=M+[N](\cdot, t)$。

第4步：如果可达性图中没有相同的标记M'，则将M'添加到图中，并将相应的过渡t_i从M'添加到M。给M贴上标签，并返回到第2步。

算法4 搜索算法

第1步：找到未计算的到M_0的最短时间标记，并将最短时间标记放入TEMP。

第2步：在TEMP中找到M_0的最短时间标记，并找到它的子节点，将最短时间标记添加到VISIT中。

第3步：计算所有子节点到M_0的时间，并将它们加入TEMP。

第4步：重复第2步和第3步，直到找到终点标记。

4. 结果和结论

该案例提出了未来的柔性生产模式，用TTPN来为柔性生产模式建模，考虑了与生产计划相关的布局设施的影响，提出了一个序列优化方法来解决优化问题。优化的生产计划和动态设施布局方案是通过可达图算法和搜索算法计算出来的，在案例实验中证明了有效性。该案例的重点是动态设施布局和生产计划的联合优化。它考虑了工艺约束下各站之间的物流数量和所有设施之间的位置。其方法适用于需求变化时的不同批次生产过程，可以解决多个时期的生产计划和设施布局问题。

5.4 产线布局与物流调度的联合优化

5.4.1 问题介绍

生产线中的设施布局和物料流网络存在着程度很深的相互关联和影响。但在传统上，研究人员和设计人员会首先按顺序设计生产线布局，即生产过程中每个设施或部门的相对位置，主要是为了最大限度地减少正在加工的零件的单元间移动；随后设计物料处理系统(MHS)，即各部门之间的材料流动路径，以最大限度地降低单位运输成本。由于产线布局和物料流网络的设计是按顺序分别进行的，因此设计程序必然会导致解决方案与总体最优方案相差甚远。该联合优化的一个可行思路是在产线布局时的目标函数中增加物流调度的相关信息(例如实际的物流用时、距离、成本等)，同时将决策变量的范围进行扩展，而不仅仅局限于产线设施的布局位置，使得整个布局方案与物流计划全部成为决策变量。

5.4.2 案例：设施布局和材料处理网络设计的联合优化

该问题一个成功的例子是 Armin 等人提出的混合整数规划模型，他们将设置布局、I/O 位置和物料路径设计三个决策过程进行联合建模，通过最小化流动路径上的总行程距离来同时解决三个决策步骤，通过这个集成的规划步骤产生一个详细的产线布局和物流方案。

1. 问题介绍

该案例重点讨论了不等大小的设施的综合布局设计问题，考虑了材料的交付和取货，以及流动网络(流动路径和过道)。它是由一个小批量生产复杂医疗生命支持系统的医疗设备制造商启发的。在整个系统中，每个产品系列被分配到八个制造单元中的一个，其中包含几个手工工作站，在一个矩形建筑物内进行组装。单元内的材料流取决于产品，但在I/O位置开始和结束。叉车和牵引车在单元之间从确定的交付位置到位于单元边界的取货位置(小型缓冲区)运送材料。该问题具有以下五个特点：

(1)布局区的矩形性。尽管由于建筑物的限制，布局区域通常是正交的，但实际可用于放置设施的区域可能有不同的形状。这个现实世界的要求可以通过允许应用占据禁止布局区域的假设来满足。

(2)所有设施区域的矩形性。生产环境中的材料流动路径通常是按照设施之间的垂直和水平方向进行的，而不规则的地方通常被用作缓冲区和集结区。设施的形状具有不特定性。设施的确切形状在早期设计阶段(区块布局)通常是不知道的，因此需要在设计时对其进行尺寸估算。每个设施的所需面积会因其各自的功能而不同。

(3)材料处理点在设施边界的位置。材料交付和拾取的位置靠近主要通道，以确保材料处理设备(如叉车、AGV)的可及性。此外，标准单位载荷通常包含几个较小的单位载荷(如原材料、半成品)，一般根据工艺要求在每个设施内单独移动。这就造成了每个设施内的物料流与上级物料处理系统的独立性。

(4)I/O位置的数量。分开的I/O位置可以减少设施之间的运输距离，并允许在每个设施内灵活地规划物料流模式。然而，流程可能只需要一个I/O位置，以尽量减少温度控制和洁净室区域内的条件波动(如高精密制造、半导体行业)。

(5)旅行距离是沿着过道系统内的流动路径网络测量的。由于地面上的运输必须沿着主通道进行，而不能通过墙壁、机器和固定装置，因此沿通道的最短路径决定了两个物体之间的移动距离。

2. 模型介绍

设施布局的建模使用了一个具有可变形状要求但给定面积的FLP的数

学建模。由于这个模型不考虑I/O点，所以要实施各自的约束来满足这些现实世界的要求。因此，每个设施被允许有一个输入点和一个输出点。这个模型的任务有三个方面：具体设计设施的形状、确定它们在可用空间内的安排以及确定I/O点的位置，以实现低的材料处理工作量。

参数符号：

符号	含　　义
i，j，z，t	设施指数i，j，z，t=1，…，N　其中N是设施的总数
f_{ij}	设施i和j之间的物料流，其中$f_{ij}\geqslant 0$
$\boldsymbol{C}$	设施指数i，j的图集，其中i，$j\in \boldsymbol{C}(f_{ij}>0)$
s	方向指数，其中$s=x$和$s=y$（考虑x和y方向）
L^s	假设原点为（0，0）的情况下，s方向的可用地板空间的边长
a_i	设施i的面积要求
lb_i^s，ub_i^s	边长的一半l_s的下限和上限
Δ	每个设施的离散点数量，其中$\lambda=0$，…，$\Delta-1$
$\bar{x}_i\lambda$	设施i在离散点λ的切向支持值
α_i	设施i的最长和最短边之间的最大允许比率，称为长宽比

决策变量：

符号	含　　义
d_{ij}	设施i和j之间的距离
b_i^s	设施i的下端，方向为s
l_i^s	设施i在方向s上的边长的一半
i_i^s，O_i^s	设施i的输入和输出点相对于方向s的位置
z_{ij}^{Ω}	一对二元变量（z_{ij}^{v}，z_{ij}^{w}），定义了设施i和j的相对位置

决策模型：

$\min \sum_{ij \in C} f_{ij} d_{ij}$	(1)
$d_{ij} = \mid b_i^x + l_i^x - b_j^x - l_j^x \mid + \mid b_i^y + l_i^y - b_j^y - l_j^y \mid \quad \forall ij \in \boldsymbol{C}$	(2)
$b_i^s + 2l_i^s \leqslant L^s \quad \forall i, s$	(3)
$lb_i^s \leqslant l_i^s \leqslant ub_i^s \quad \forall i, s$	(4)
$a_i l_i^x + 4 \bar{x}_{i\lambda}^2 l_i^y \geqslant 2 a_i \bar{x}_{i\lambda}$	(5)
$b_i^x + 2l_i^x \leqslant b_j^x + L^x(2 - z_{ij}^v - z_{ij}^\omega) \quad \forall lb_i^x \leqslant \bar{x}_{i\lambda} \leqslant ub_i^x$	(6)
$b_i^y + 2l_i^y \leqslant b_j^y + L^y(1 + z_{ij}^v - z_{ij}^\omega) \quad \forall i \neq j$	(7)
$z_{ij}^{\boldsymbol{\Omega}} + z_{ji}^{\boldsymbol{\Omega}} = 1 \quad \forall i \neq j$	(8)
$z_{ik}^{\boldsymbol{\Omega}} \geqslant z_{ij}^{\boldsymbol{\Omega}} + z_{jk}^{\boldsymbol{\Omega}} - 1 \quad \forall i \neq j, i \neq k, j \neq k, \forall v, \omega \in \boldsymbol{\Omega}$	(9)

路径设计的建模要与设施规划结合在一起考虑，故而增加以下参数、决策变量和约束。

新增参数：

τ 为路段的索引，$\tau = 1, \cdots, T$（T 是每条路径的可用段数），包括垂直段（$\tau = 2\tau = 2, 4, 6, \cdots, T$）和水平段（$\tau - 1 = 1, 3, 5, \cdots, T-1$）。

新增以下决策变量：

符号	含　　义
$e_{ij\tau}^s$	连接设施 i 和 j 的路径的段 τ 的端点
$ds_{ij\tau}^v$	端点和段的起点之间的距离的正值 τ
$r_{ijz\tau}^v$，$r_{ijz\tau}^w$	一对二进制变量，定义段 τ 和设施 z 的相对位置
d_{ij}	$\sum_{\tau=1}^{t} ds_{ij\tau}^v + ds_{ij\tau}^w$

新增以下约束：

$e^{x}_{ij\tau}=O^{x}_{i}+ds^{v}_{ij\tau}-ds^{\omega}_{ij\tau}\quad \forall ij\in \boldsymbol{C},\ \tau=1$	(10)
$e^{y}_{ij\tau}=O^{y}_{i}\quad \forall ij\in \boldsymbol{C},\ \tau=1$	(11)
$e^{x}_{ij\hat{\tau}}=e^{x}_{ij,\hat{\tau}-1}\quad \forall ij\in \boldsymbol{C}$	(12)
$e^{y}_{ij\hat{\tau}}=e^{y}_{ij,\hat{\tau}-1}+ds^{v}_{ij\hat{\tau}}-ds^{\omega}_{ij\hat{\tau}}\quad \forall ij\in \boldsymbol{C}$	(13)
$e^{x}_{ij\hat{\tau}+1}=e^{x}_{ij,\hat{\tau}}+ds^{v}_{ij,\hat{\tau}+1}-ds^{\omega}_{ij,\hat{\tau}+1}\quad \forall ij\in \boldsymbol{C},\ \forall \hat{\tau}\leqslant T-1$	(14)
$e^{y}_{ij,\hat{\tau}+1}=e^{y}_{ij,\hat{\tau}}\quad \forall ij\in \boldsymbol{C},\ \forall \hat{\tau}\leqslant T-1$	(15)
$e^{s}_{ij\tau}=i^{s}_{j}\quad \forall ij\in \boldsymbol{C},\ \tau=T$	(16)
$b^{x}_{z}+2\,l^{x}_{z}\leqslant e^{x}_{ij,\hat{\tau}-1}-d\,s^{v}_{ij,\hat{\tau}-1}+(2-r^{v}_{ijz,\hat{\tau}-1}-r^{\omega}_{ijz,\hat{\tau}-1})\cdot L^{x}\quad \forall ij\in \boldsymbol{C},\ \forall z,\ \hat{\tau}$	(17)
$b^{x}_{z}\geqslant c^{x}_{ij,\hat{\tau}-1}+ds^{\omega}_{ij,\hat{\tau}-1}-(r^{v}_{ijz,\hat{\tau}-1}+r^{\omega}_{ijz,\hat{\tau}-1})\cdot L^{x}\quad \forall ij\in \boldsymbol{C},\ \forall z,\ \hat{\tau}$	(18)
$b^{y}_{z}+2\,l^{y}_{z}\leqslant e^{y}_{ij,\hat{\tau}-1}+(1+r^{v}_{ijz,\hat{\tau}-1}-r^{\omega}_{ijz,\hat{\tau}-1})\cdot L^{y}\quad \forall ij\in \boldsymbol{C},\ \forall z,\ \hat{\tau}$	(19)
$b^{y}_{z}\geqslant e^{y}_{ij,\hat{\tau}-1}-(1-r^{v}_{ijz,\hat{\tau}-1}+r^{\omega}_{ijz,\hat{\tau}-1})\cdot L^{y}\quad \forall ij\in \boldsymbol{C},\ \forall z,\ \hat{\tau}$	(20)
$b^{x}_{z}+2\,l^{x}_{z}\leqslant e^{x}_{ij\hat{\tau}}+(2-r^{v}_{ijz\hat{\tau}}-r^{\omega}_{ijz\hat{\tau}})\cdot L^{x}\quad \forall ij\in \boldsymbol{C},\ \forall z,\ \hat{\tau}$	(21)
$b^{x}_{z}\geqslant e^{x}_{ij\hat{\tau}}-(r^{v}_{ijz,\hat{\tau}+1}+r^{\omega}_{ijz\hat{\tau}})\cdot L^{x}\quad \forall ij\in \boldsymbol{C},\ \forall z,\ \hat{\tau}$	(22)
$b^{y}_{z}+2\,l^{y}_{i}\leqslant e^{y}_{ij\hat{\tau}}-ds^{v}_{ij\hat{\tau}}+(1+r^{v}_{ijz\hat{\tau}}-r^{\omega}_{ijzz\hat{\tau}})\cdot L^{y}\quad \forall ij\in \boldsymbol{C},\ \forall z,\ \hat{\tau}$	(23)
$b^{y}_{z}\geqslant e^{y}_{ij\hat{\tau}}+ds^{\omega}_{ij,\hat{\tau}+1}-(1-r^{v}_{ijz\hat{\tau}}+r^{\omega}_{ijz\hat{\tau}})\cdot L^{y}\quad \forall ij\in \boldsymbol{C},\ \forall z,\ \hat{\tau}$	(24)

3. 方法介绍

上述模型是一个混合整数规划问题，可以使用常规的整数规划求解器求解。为了加快求解速度，也可以根据问题特点，使用有效不等式来缩小解空间。

本问题使用了以下三个有效不等式。

不等式 1：

$(ds^{v}_{ij\tau}+ds^{\omega}_{ij\tau})\cdot M\geqslant(ds^{v}_{ij,\tau+1}+ds^{\omega}_{ij,\tau+1})\quad \forall ij\in \boldsymbol{C},\ \forall 2\leqslant\tau\leqslant T-1$	(25)

不等式 2：

$b_j^x - (b_i^x + 2l_i^x) \leqslant \sum_{\hat{\tau}=2}^{t} ds_{ij,\hat{\tau}-1}^{v}$	(26)
$b_j^y - (b_i^y + 2l_i^y) \leqslant \sum_{\hat{\tau}=2}^{t} ds_{ij\hat{\tau}}^{v}$	(27)
$b_i^x - (b_j^x + 2l_j^x) \leqslant \sum_{\hat{\tau}=2}^{t} ds_{ij,\hat{\tau}-1}^{\omega}$	(28)
$b_i^y - (b_j^y + 2l_j^y) \leqslant \sum_{\hat{\tau}=2}^{t} ds_{ij\hat{\tau}}^{\omega}$	(29)

不等式 3：

$\sum_{\hat{\tau}=2}^{t} ds_{ij\hat{\tau}}^{v} - \sum_{\hat{\tau}=2}^{t} ds_{ij\hat{\tau}}^{\omega} \geqslant -M \cdot (1 + z_{ij}^{v} - z_{ij}^{\omega}) \quad \forall ij \in \boldsymbol{C},\ \forall \hat{\tau}$	(30)
$\sum_{\hat{\tau}=2}^{t} ds_{ij,\hat{\tau}-1}^{v} - \sum_{\hat{\tau}=2}^{t} ds_{ij,\hat{\tau}-1}^{\omega} \geqslant -M \cdot (2 - z_{ij}^{v} - z_{ij}^{\omega}) \quad \forall ij \in \boldsymbol{C},\ \forall \hat{\tau}$	(31)

4. 结果和结论

经过仿真实验和案例验证，上述模型方法取得了良好的效果，并且可以得到许多宝贵的认知。在早期步骤中整合设计元素，可以降低旅行距离和减少嵌套的过道结构；大多数考虑 FLP 的研究集中在开发有效的算法，以确定使用简化假设的区块布局设计；通常情况下，较新的方法在算法速度和目标函数值方面比其他方法要好几个百分点，主要是使用直线距离。然而，这项研究表明，考虑到材料处理工作和一般设计过程，使用基于路径的距离整合路径和走道设计是一个更大的未开发的改进潜力。使用商业求解器的精确解决方案需要比传统启发式方法多得多的计算时间。同时，它可以通过避免多次重复的重新规划来找到足够的交叉面积计算的加成因素，从而大大地减少了整体规划的工作量。此外，FLP 通常考虑的是一个长期的设计问题，其中解决方案的质量是特别重要的，而且较长的解决方案时间更有可能被设计师接受。

5.5 生产与物流调度的联合优化

5.5.1 问题介绍

传统上，供应链环境中的生产和物流运输决策是按顺序独立进行的。最习惯的程序是首先进行生产计划或批量计算，用于确定在给定计划范围内生产的每个成品的数量，然后制定运输决策，以分离的方式将制成品分配给客户。然而，在当今全球化的供应链和高度竞争的市场中，企业必须保证其资源的效率，提高客户的服务水平，减少交货时间和库存。在这个意义上，以综合的方式同时考虑生产和运输计划活动可能会提高效率和节约成本。

生产与物流调度的联合优化，通常被称作生产路径问题(Production Routing Problem，PRP)。PRP 问题通常连接了两个著名的问题，即批量大小问题(LSP)和车辆路由问题(VRP)，在考虑总的系统成本时产生一个最佳解决方案。在 PRP 中，工厂必须在每个时期决定是否生产产品并确定相应的批量大小。如果生产确实发生了，这个过程会产生固定的设置成本以及单位生产成本。此外，批量大小不能超过生产能力。而从工厂到零售商的交货是由数量有限的有能力的车辆完成的，这就产生了运输成本，如何去平衡两种成本并且选择最优决策，就是 PRP 希望解决的问题。由于 PRP 是 LSP 和 VRP 的综合版本，并且包含了这两个困难问题的约束条件，所以解决 PRP 变得很有挑战性。

PRP 问题的相关模型通常在五个相关特征上有所不同：生产特征、运输特征、目标函数、建模方法和解决方法。其中，生产特征和运输特征的主要意指如下：

(1)生产特征。

1)产品数量：指每个模型中考虑的制造产品的数量。

2)生产车间数量：只有一个生产车间或几个制造设施。

3)生产能力：指生产系统中可用资源的能力。

4)设置特征：考虑设置，包括相应的设置成本和/或设置时间，以及与复杂设置结构有关的任何其他特征，如依赖序列的设置和设置结转。

(2)运输特征。

1)车队：可用车辆的特点，与它们的数量(单人或多人，有限或无限)和能力(车辆有能力，所有车辆的能力相等或不同)有关。

2)每辆车的行程和访问次数：指每辆车在一个时期内从中央仓库开始和结束的行程数量。

3)运输数据：详细地考虑了不同的运输参数，如一对节点之间的运输时间；一对节点之间的运输距离；服务、卸载或装载时间；等待时间；时间窗口；完成一条路线的可用操作时间。

PRP 问题模型的目标函数通常是以下几种成本的有机组合：生产成本、启动成本、运输成本、运输时间成本、载具空置成本、产品搬运成本、运输固定成本，等等。

以上述目标函数为基础，PRP 问题通常被建模成为整数规划或者混合整数规划模型，只有在面对非常复杂的问题时会使用非线性整数规划模型来建模。

在上述模型的基础上，PRP 问题的求解方法通常有解析法、分支定价法、分支剪界法、拉格朗日松弛法以及大量的启发式算法，等等。

5.5.2 案例：综合生产调度和车辆调度问题的总体协调问题

这里给出 PRP 问题一个较好的例子。Zou 等人研究了一个综合的生产调度和车辆路由问题：其中有一台机器用于生产，有限数量的车辆用于运输，并有容量限制。他们的目标函数是使最大的订单交付时间最小化。对于这个 NP 难问题，他们提出了一个关于最佳生产顺序的属性。基于这一属性，他们开发了后向和前向分批方法，并将其嵌入到一个改进的遗传算法中。一个局部搜索算法 MUS 被应用于提高车辆路线的质量。由于生产调度和车辆调度的决策是相互影响的，因此提出的遗传算法同时确定这两个决策。数值实验结果表明，改进的遗传算法可以提供高质量的解决方案。

1. 问题介绍

该案例探讨了一个具有单台机器、多个客户和有限数量有能力的车辆的协调生产调度和车辆路由问题。从 3PL 租用的车辆从工厂出发，在完成配送任务后不需要返回工厂。每个订单的处理时间是事先知道的，但其生产顺序事先是未知的，因此，订单完成时间也是未知的。完成的订单在装车前会先分批进行，同一批次的订单可能来自不同的客户，但装载的订单受制于车辆的容量。在所有装上车辆的订单中，最后完成的订单决定了车辆的出发时间。在这种假设下，为了充分地利用车辆的能力，来自不同客户的订单由同一辆车分批交付。此外，本案例的目标是确定生产调度和车辆路线，以使最大的订单交付时间最小化。这个问题的挑战在于生产调度和车辆路由的决策是相互影响的，必须同时做出。研究者制定了一个数学模型来同时考虑生产调度和车辆路线这两个相互影响的决策，以最小化最大的订单交付时间。

2. 模型介绍

设 $\boldsymbol{G}=\{\boldsymbol{V}, \boldsymbol{E}\}$ 是一个完整的无向图，其中 $\boldsymbol{V}=\{0, 1, 2, \cdots, n+1\}$ 是

工厂和客户的集合，0 代表工厂，$n+1$ 代表 3PL 的车辆停靠站，集合 $\boldsymbol{N}=\{1, 2, \cdots, n\}$ 表示位于不同地方的客户。弧集被定义为 $\boldsymbol{E}=\{(i, j); i, j \in V\}$。每个弧 (i, j) 都有一个非负的旅行时间 t_{ij}，它满足三角形不等式。每个顾客下一个订单，$\boldsymbol{O}=\{j_1, j_2, \cdots, j_n\}$ 为订单的集合；每个订单 j_i 有一个处理时间 p_i 和一个相应的需求 q_i。有一台机器可用于生产，生产速率 r 是恒定的。对于每个订单 j_i，处理时间 p_i 与需求 q_i 成正比，满足 $p_i=q_i/r$。每个订单 j_i 在生产阶段都有一个完成时间 C_i。完成的订单可以分批交付，一批由一辆车交付。$\boldsymbol{W}=\{1, 2, \cdots, K\}$ 是一组容量为 Q 的同质车辆。每辆车在分配给该车的订单装完后离开工厂。每辆车的出发时间是不同的，因为每个订单的完成时间不同。定义每辆车的路线时间为车辆出发时间和运输时间之和；最大的订单交付时间等于所有车辆中的最大路线时间。该问题是基于以下假设制定的：

（1）机器在时间 0 时可用。

（2）每个订单在生产阶段不能中断。

（3）每个客户只能访问一次。

（4）每辆车至少要访问一个客户，而且不需要返回工厂。因为客户只关心他们个人订单的交付时间，车辆的返回对他们来说不算数。因此，车辆的返回不被考虑。

（5）不能超过车辆的容量。

（6）车辆不能离开工厂，直到所有分配给该车辆的订单都装好。

数学模型的参数和变量定义如下：

符号	含　　义
$\boldsymbol{V}$	等于 $\{0, 1, \cdots, n+1\}$；0 代表工厂，$n+1$ 代表 3PL 的车辆停靠站
$\boldsymbol{W}$	容量为 Q 的同质车辆的集合，等于 $\{1, 2, \cdots, K\}$

续表

符号	含　　义
$i,\ j$	顾客的索引，从属于集合 $\boldsymbol{N}=\{1,\ 2,\ \cdots,\ n\}$
j_i	顾客 i 的订单索引，从属于集合 $\boldsymbol{O}=\{j_1,\ j_2,\ \cdots,\ j_n\}$
p_i	顾客 i 的订单的加工时间
q_i	顾客 i 的订单量
C_i	顾客 i 的订单的完成时间
k	车辆的索引，从属于集合 $\boldsymbol{W}=\{1,\ 2,\ \cdots,\ K\}$
Q	车辆载重
t_{ij}	弧$(i,\ j)$的到达时间

决策变量如下：

符号	含　　义
x_{ijk}	如果车辆 k 访问了弧$(i,\ j)$，则等于 1，否则等于 0
y_{ik}	如果车辆 k 运输了订单 j_i，则等于 1
z_{ij}	如果订单 j_i 紧随订单 j_i 之后被运输，则等于 1
A_i^k	车辆 k 对于顾客 i 的送达时间

数学模型如下：

$\min\left(\max\limits_{k\in \boldsymbol{W}}\left(\sum\limits_{i\in \boldsymbol{V}/\{n+1\}}\sum\limits_{j\in \boldsymbol{N}} t_{ij}x_{ijk}+\max\limits_{j\in \boldsymbol{N}}(C_j y_{jk})\right)\right)$	(1)
$\sum\limits_{k=1}^{K}\sum\limits_{i=0}^{n} x_{ijk}=1 \quad j=1,\ 2,\ \cdots,\ n$	(2)
$\sum\limits_{j=1}^{n} x_{0jk}=1 \quad k=1,\ 2,\ \cdots,\ K$	(3)

续表

$\sum_{i=0,\ i\neq h}^{n} x_{ihk} - \sum_{j=1,\ j\neq h}^{n+1} x_{hjk} = 0 \quad h = 1,\ 2,\ \cdots,\ n;\ k = 1,\ 2,\ \cdots,\ K$	(4)
$\sum_{i=0}^{n} \sum_{j=1}^{n} x_{ijk} q_j \leqslant Q \quad k = 1,\ 2,\ \cdots,\ K$	(5)
$C_i + p_j - C_j \leqslant (1 - z_{ij}) M \quad i=0,\ 1,\ 2,\ \cdots,\ n;\ j=1,\ 2,\ \cdots,\ n$	(6)
$\sum_{i=0}^{n} z_{ij} = 1 \quad j = 1,\ 2,\ \cdots,\ n$	(7)
$\sum_{j=1}^{n+1} z_{ij} = 1 \quad i = 1,\ 2,\ \cdots,\ n$	(8)
$C_0 = 0$	(9)
$A_i^k + t_{ij} - A_j^k \leqslant (1 - x_{ijk}) M \quad i=0,\ 1,\ 2,\ \cdots,\ n;\ j=1,\ 2,\ \cdots,\ n;\ k=1,\ 2,\ \cdots,\ K$	(10)
$A_0^k \geqslant \max_{j \in N} (C_j y_{jk}) \quad k=1,\ 2,\ \cdots,\ K$	(11)
$y_{jk} = \sum_{i=0,\ i\neq j}^{n} x_{ijk} \quad j = 1,\ 2,\ \cdots,\ n;\ k = 1,\ 2,\ \cdots,\ K$	(12)
$x_{ijk} \in \{0,\ 1\} \quad i=0,\ 1,\ 2,\ \cdots,\ n;\ j=1,\ 2,\ \cdots,\ n+1;\ k=1,\ 2,\ \cdots,\ K$	(13)
$y_{jk} \in \{0,\ 1\} \quad j=1,\ 2,\ \cdots,\ n;\ k=1,\ 2,\ \cdots,\ K$	(14)
$z_{ij} \in \{0,\ 1\} \quad i=0,\ 1,\ 2,\ \cdots,\ n;\ j=1,\ 2,\ \cdots,\ n$	(15)

3. 方法介绍

在这个问题中，需要完成两个决策：生产调度和车辆路线安排。对于生产调度，目标是确定订单的生产顺序。对于在生产阶段已经完成的订单，它们首先被分批处理；然后，同一批次的订单被装载到一辆车上。对于车辆路线，目标是确定每辆车的路线，从而使最大路线时间最小化。困难在于这两个决策之间的互动。如前所述，一辆车的出发时间取决于在该批次中具有最大完成时间的装载订单。因此，对于一个给定的生产序列，订单分批决定了每辆车的出发时间，从而影响了所制定问题的目标。

故而，这里讨论一种后向分批方法(即先将订单装到最后一辆车上)和一种前向分批方法(即先将订单装到第一辆车上)。

(1)后向分批法。在所有车辆中，让车辆 k_M 有最大的出发时间，这等于给定生产序列中最后一个位置的订单的完成时间。由于路由事先是未知的，相应的路由时间也是未知的，因此，如果假设出发时间最大的最后一辆车有最大的运输时间，将保证最后一辆车的路由有最大的路由时间。将车辆 k_M 的路线时间表示为 *CMAX*，决策的目标是使 *CMAX* 的值最小。在此假设下，提出了后向分批法，具体步骤如下。

算法5　后向分批法

第1步：给定一个生产序列S，将生产完成时间最大的订单装载到车辆 k_M 上，并计算出车辆 k_M 的路线时间 *CMAX*。然后，将该订单从S中删除。

第2步：将S中剩余的订单分组，并将其装载到剩余车辆上。从第一个订单到最后一个订单，逐一装载到第一个可用的车辆上。如果路线时间超过了 *CMAX* 或者负载超过了车辆的容量，当前订单和剩余订单将被装载到下一辆车。每辆车的路由访问顺序与订单装载顺序相同。也就是说，每辆车的访问顺序符合先装后送的规则。这个步骤重复进行，直到所有的订单都被装载或没有车辆可用。

第3步：如果所有车辆都被雇用，但在给定的订单序列中仍有未装载的订单，这意味着分配给每辆车的订单数量应该增加。由于车辆 k_M 的路线时间制约着分配给其余车辆的订单数量，所以应该增加分配给车

辆 k_M 的订单数量。因此，返回并再次执行第 1 步，通过放弃第 2 步的操作和相应的结果，为车辆 k_M 分配额外的订单。

第 4 步：如果所有的订单都被装载，并且采用的车辆数量为 K，那么 $CMAX$ 的值就是目标值。但是，如果超过了车辆 k_M 的容量，解决方案就不可行了。这种情况使目标值成为一个巨大的数字，这样在推导过程中就可以舍弃这个方案。

(2)前向分批法。订单从生产序列中的第一辆车开始，一个接一个地装到可用的车上。如果装载的订单超过了第一辆车的容量，订单序列中的剩余订单就会被装载到下一辆车上。这个程序重复进行，直到所有的订单都被装载。如果最终的装载或分批导致可行的解决方案，最后采用的车辆被称为车辆 K，它装载订单序列中的最后一个订单。由于车辆 K 有最大的出发时间，所以车辆 K 极有可能有最大的路线时间。为了减少最大的路线时间，车辆 K 的行驶时间应该小于其余车辆的行驶时间。由于车辆行驶时间受装载订单数量的影响，车辆 K 需要被设定为装载最小数量的订单。因此，分配给除车辆 K 以外的所有车辆的订单应尽可能多。由于目标是最小化最大的订单交付时间，当订单数量大于车辆数量时，所有可用的车辆都应该被采用。因此，为每辆车的最大装载订单数(n^k)设定一个界限，以确保当一辆车的装载完成后有足够的剩余订单，让每辆剩余的车至少有一个订单可以装载。因此，令 $n^k<(n^{unuse}-k^{unuse})$，其中 n^{unuse} 表示未装载的订单数量，k^{unuse} 表示未使用的车辆的数量。这个不等式确保每辆车至少有一个订单，而装载的订单的最大数量是($n^{unuse}-k^{unuse}+1$)。如果订单数量小于可用车辆的数量，将采用直接运输模式，即包租车辆。

在具体的求解方面，可以使用两阶段启发式算法来进行求解。

4. 结果和结论

本案例解决了综合生产调度和车辆路由问题，提出了一个关于最佳生产序列的性质，在此基础上，给定一个生产序列，对连续处理的订单进行批处理将有助于更有效地获得更好的解决方案。基于该属性，开发了两种批处理方法，并将其作为两种解码方法应用于拟议的 GA 中。除此之外，还提出了一种改进的遗传算法，以同时获得关于相互作用的生产调度和车辆路由的决策。实验表明，与 CPLEX 和已发表的相关问题的算法相比，具有嵌入式最优特性的改进的遗传算法可以获得最优或接近最优的解决方案。

5.6 仓储库存与物流运输的联合优化

库存和运输是物流系统中实现时间和空间效用的两个主要功能要素，这两部分的消耗约占总物流成本的三分之二。库存问题主要研究库存控制，或库存分配。运输问题主要研究运输路线，通常是指交货运输路线。库存问题和运输问题都是运筹学的经典问题，但长期以来，由于库存和运输在实际情况中往往是分开进行的，对这两部分的研究一般也都是分开进行的。从整个供应链的角度来看，库存和运输之间存在着“权衡”，因此单独考虑库存控制或运输路径优化可能不利于降低成本。决策者需要从战略上考虑库存和运输方案，他们必须研究库存和运输的优化，可以统称为库存路线问题(IRP)。IRP 是指车队从供应方出发，根据客户的需求，在计划的时间范围内，将产品运送到不同地点，必须满足一定的约束条件(即：客户库存、车辆数量、车辆容量、运送时间)，通过合理确定运送的产品数量、运送时间、车辆路线等变量，将运输成本、库存成本、配送成本、生产成本降到最低。

我们可以根据两种思路对 IRP 进行分类：第一种思路是指问题本身的特征；第二种思路是需求信息的可用性。第一种思路，也就是问题本身的特征主要是指七个相关的问题特征，即时间、结构、路由、库存政策、库存决策、车队组成和车队规模。时间是指 IRP 模型所考虑的时间范围，它可以是有限的，也可以是无限的。结构是指供应商和客户的关系，供应商和客户的数量可能不同，因此结构可以是一对一的，即只有一个供应商为一个客户提供服务；也可以是一对多的，即最常见的一个供应商和几个客户；还可以是多对多的，即几个供应商和几个客户。路由有直接、多个、连续三种，当每条路线上只有一个客户时，路由可以是直接的；当同一路线上有几个客户时，路由可以是多个的；当没有中央仓库时，路由可以是连续的。库存政策通常有两种，分别是最大级别（ML）策略和订货量达标（OU）策略。在 ML 库存政策下，补货水平是灵活的，但受每个客户的可用能力限制；在 OU 政策下，补货只补充到达标即可。库存决策决定了库存管理的建模方式。如果库存被允许成为负值，那么就会发生回购，相应的需求将在稍后阶段得到满足；如果没有回购，那么额外的需求就会被视为销售损失。在这两种情况下，都可能存在对缺货的惩罚。在确定性的背景下，也可以限制库存为非负值。最后两个特征是指车队的组成和规模。车队可以是同质的，也可以是异质的；可用车辆的数量可以固定为一辆，也可以固定为多辆，或者不受限制。通过这几种特征的描述，我们可以很清晰地建立其对于现实情况的刻画，获取模型的独特性。

第二种思路指的是需求信息成为已知信息的时间。如果决策者在决策开始时就完全可以获得这些信息，那么这个问题就是确定性的；如果仅仅知道它的概率分布，那么它就是随机的，这就产生了随机库存–运输问题

（SIRP）。当需求不是事先完全知道，而是随着时间的推移逐渐显现时，就会出现动态 IRP，这与静态 IRP 下的情况不同。在这种情况下，我们仍然可以在求解过程中利用其统计分布，产生一个动态和随机的库存布局问题（DSIRP）。

5.6.1 基础的 IRP 问题

最为基础的 IRP 问题很简单，就是在一个基础的 VRP 问题之上，添加了补货、库存分配的成本；其目标函数是在满足每个客户的需求的同时，使总的库存分配成本最小。补货计划受制于以下约束条件：

（1）每个客户的库存水平不能超过其最大容量；

（2）库存水平不允许为负值；

（3）供应商的车辆在每个时间段最多可以执行一条路线，每条路线的起点和终点都是供应商；

（4）不能超出车辆容量。

决策变量是在每个时间段为哪些客户提供服务，使用供应商的哪些车辆，向每个被访客户交付多少货物，以及交付路线。

这个最基础的模型是确定和静态的，顾客需求都是事先知道的。尽管如此，这个最基本的 IRP 模型依旧是 NP 难的，因为它包含了经典的 VRP 问题。故而，对于大多数实际问题，模型的求解还是要依靠启发式算法。

在这些启发式算法中，最为基本的就是使用简单的邻域搜索来寻求局部最优解。通常的手段是把 IRP 分解为分层的子问题，通过依次解决各个子问题来完成求解，具体的方法有分配启发式算法、基于近似路由成本的权衡、交换算法、聚类启发式算法等。更为高质量的解决方案是元启发式算法，应用局部搜索方法和避免局部最优的策略，并对搜索空间进行彻底的评估。

5.6.2 随机 IRP 问题

IRP 问题的一个重要拓展就是随机 IRP 问题(SIRP)，在 SIRP 问题中，决策者只在概率意义上知道客户需求。需求的随机性意味着短缺可能发生。为了阻止这种情况发生，每当客户缺货时就会施加惩罚，这种惩罚通常被模拟为未满足需求的一个比例。未满足的需求通常被认为是损失的，也就是说，不存在积压。SIRP 的目标与确定性案例中的目标相同，但为了适应随机和未知的未来参数而进行了调整：供应商必须确定一个分配政策，使其在决策期内的期望折现值(收入减去成本)最大化，决策期可以是有限的或无限的。

对于有限期决策的 SIRP 问题，通常还是沿用基础 IRP 问题的求解方法，只需要适当地做出一些调整即可。而无限期决策的 SIRP 问题，就需要使用动态规划的手段来解决。除此之外，随机 IRP 问题另一个可行的思路就是鲁棒优化。这种解决框架适合于处理参数概率分布方面没有信息的不确定性问题。

5.6.3 动态随机 IRP 问题

如果考虑决策过程中的信息获取，就需要讨论动态随机 IRP 问题(DSIRP)。在 DSIRP 问题中，客户需求在概率意义上是已知的，并随着时间的推移而显示出来，因此产生了一个动态和随机的问题。解决一个动态问题包括提出一个解决策略，而不是计算一个静态的输出。一种可能的方法是，每当有新的信息出现时，就优化产生一个静态实例。这种方法的缺点是，解决大量的实例往往非常耗时。一个更常见的方法是只应用一次静态算法，然后每当有新的信息出现时就通过启发式方法重新优化问题。而第三种策略，可以与前两种策略中的任何一种结合起来，就是利用未来信息的概率知识，并利用预测，来进行动态的策略制定。

5.6.4 案例：有缺货的随机库存路由问题

该案例研究了一个库存路由问题，其中供应商必须为一组零售商提供服务。对于每个零售商来说，定义了最大的库存水平，并且在给定的时间范围内必须满足随机需求。对每个零售商都采用了一个“订货到货”的政策，也就是说，每当为零售商提供服务时，发送到每个零售商的数量要使其库存水平达到最高水平。任何正的库存水平都有库存成本，同时收取惩罚成本，只要库存水平为负，多余的需求就不会被积压。问题是确定一个运输策略，使预期总成本最小化，由零售商的预期总库存和惩罚成本以及预期路由成本之和给出。

1. 问题描述

考虑一个物流网络，在给定的时间范围 $\boldsymbol{H}$ 内，一种产品从 ·个共同的供应商 0 运送到一组 $\boldsymbol{M}=\{1, 2, \cdots, n\}$ 的零售商那里。从供应商到零售商的运输可以在每个时间 $t \in \boldsymbol{T}$ 由一辆容量为 C 的车辆来完成，从顶点 i 到顶点 j 的运输成本 c_{ij} 是已知的。假设 $c_{ij}=c_{ji}$，i，$j \in \boldsymbol{M}'=\boldsymbol{M} \cup \{0\}$。每条路线在同一时间段内访问所有需要服务的零售商。零售商的需求是随机的，特别是，每个零售商 $i \in \boldsymbol{M}$ 在每个时间 $t \in \boldsymbol{T}$ 的需求 r_{it} 是一个固定的随机变量 D_i。D_i 的概率分布是离散的，用 $p_i(k)=Pr(Di=k)$，$k=0, 1, \cdots, U_i$ 表示，并且有平均值 q_i。随机变量 D_i，$i \in \boldsymbol{M}$，是独立的。为每个零售商 $i \in \boldsymbol{M}$ 定义了一个最大库存水平 U_i 和一个给定的起始库存水平 $i_{i0} \leq U_i$。如果零售商 i 在时间 t 被访问，那么在时间 t 运往 i 的数量是使 i 的库存水平达到它的最大值 U_i(即：应用了一个订单上升到确定最大水平的政策)。更确切地说，用 i_{it} 表示零售商 i 在时间 t 的库存水平，如果在时间 t 对 i 进行发货，则发货量等于 U_i-i_{it}，否则等于 0。用 z_{it} 表示一个二元变量，如果零售商 i 在时间 t 被访问，等于 1，否则等于 0，那么零售商 i 在时间 $t+1$ 的库存水平由 0 和时间 t 的水平之间的最大值，加上时间 t 的发货量$(U_i-i_{it})z_{it}$，减去时间 t 的需求量 r_{it}，即

$$i_{it+1}=\max\{0,\ i_{it}+(U_i-i_{it})z_{it}-r_{it}\}$$

此处，$z_{i0}=r_{i0}=0$。假设当库存水平为负数时，过剩的需求没有被积压，那么在这种情况下，下一期的初始库存水平被设定为等于零。对于每个 $t\in \boldsymbol{T}'=\{1,\ 2,\ \cdots,\ H+1\}$ 和每个零售商 $i\in \boldsymbol{M}$ 来说，如果库存水平 $i_{it}+(U_i-i_{it})z_{it}-r_{it}$为正，则库存成本 h_i 开始发挥作用；而如果库存水平为负，则考虑惩罚成本 d_i。时间 $H+1$ 被包括在库存和惩罚成本的计算中，以便考虑到在时间 H 所进行的操作的后果。假设 $d_i>h_i+2c_{0i}$，以保证零售商 i 的缺货只能在由于有限的运输能力而不可能为零售商提供服务时发生。问题是确定一个运输策略，使预期的总成本最小化，由预期的总库存成本和零售商缺货的惩罚成本以及预期的总路由成本之和给出。

2. 模型介绍

该问题可以使用动态规划建模。当用 DP 表示一个问题时，需要定义的主要元素是状态集、控制集、离散时间动态系统以及成本，其中状态转换是通过应用控制获得的，其值取决于系统状态和应用控制。

(1)状态。假设一共有 $H+2$ 个状态，记作 x_t，$t=0,\ 1,\ \cdots,\ H+1$，其通常状态是 n 维的整数向量，表示每个零售商的库存水平：$x_t=(x_{1t},\ x_{2t},\ \cdots,\ x_{nt})$。初始状态 x_0 是给定的，$x_0=(i_{10},\ i_{20},\ \cdots,\ i_{n0})$。时间 $t\in \boldsymbol{T}$ 的状态是这样的：x_{it}是属于区间$[0,\ U_i]$的整数，$i\in \boldsymbol{M}$；而终端状态 x_{H+1} 是这样的：$-U_i\leqslant x_{i_{H+1}}\leqslant U_i$，$i\in \boldsymbol{M}$。

(2)控制。当处于状态 x_t 时，可以应用于 x_t 的可行控制 $u_t(x_t)$的集合 $\boldsymbol{U}_t(x_t)$被确定。对于 SIRP，$u_t(x_t)$可以通过使用二元变量 z_{it}，$i\in \boldsymbol{M}$ 来定义，即 $u_t(x_t)=(z_{1t},\ z_{2t},\ \cdots,\ z_{nt})$。事实上，一旦确定了变量 z_{it}的值，那

么相应的交货量也就给定了(因为采用的是订货到交货的政策)，车辆必须行驶的路线，即访问供应商和零售商的路线，就是相应的最优 TSP 方案。为了确保满足能力约束，可行控制的集合 $\boldsymbol{U}_t(x_t)$ 被定义为：

$$\boldsymbol{U}_t(x_t)=\left\{u_t(x_t)=(Z_{1t},\ Z_{2t},\ \cdots,\ Z_{nt}):\ \sum_{i\in M}(U_i-x_{it})z_{it}\leqslant C\right\}$$

(3)动态系统。离散时间动态系统可以描述如下：假设 x_t 是系统在时间 t 的状态，u_t 是在时间 t 应用的控制，$\boldsymbol{r}_t$ 是时间 t 的需求 r_{it} 的向量，$i\in\boldsymbol{M}$，如果我们用 $\hat{x}_{it}=x_{it}+(U_i-x_{it})z_{it}-r_{it}$ 表示，那么系统在时间 $t+1$ 的状态是：

$$x_{t+1}=(\max\{0,\ \hat{x}_{1t}\},\ \max\{0,\ \hat{x}_{2t}\},\ \cdots,\ \max\{0,\ \hat{x}_{nt}\})$$

因为需求没有被积压。终端状态是：

$$x_{H+1}=(\hat{x}_{nH},\ \hat{x}_{nH},\ \cdots,\ \hat{x}_{nH})$$

(4)成本。在时间 t，假设需求量为 r_t，在状态 x_t 应用控制 u_t 的即时成本 $g(x_t,\ u_t,\ r_t)$ 由零售商的库存和惩罚成本以及路由成本 c_{ut} 之和给出，即：

$$g(x_t,\ u_t,\ r_t)=\sum_{i\in\boldsymbol{M}}h_i\max\{0,\ \hat{x}_{it}\}+\sum_{i\in\boldsymbol{M}}d_i\max\{0,\ -\hat{x}_{it}\}+c_{ut}$$

其中，c_{u_t} 是最佳 TSP 解决方案的成本，对应于控制 u_t，通过优化解决以下整数线性规划模型(称为 TSp_{u_t})计算得出：

$\min\sum_{i\in\boldsymbol{M}'_{u_t}}\sum_{j\in\boldsymbol{M}',j<i}c_{ij}y_{ij}$	(1)
$(TSp_{u_t})\ \sum_{j\in\boldsymbol{M}'_{u_t}<ii}y_{ij}+\sum_{j\in\boldsymbol{M}'_{u_t}>>i}y_{ji}=2\quad i\in\boldsymbol{M}'_{u_t}$	(2)
$\sum_{i\in\boldsymbol{S}}\sum_{j\in\boldsymbol{S},\ j<i}y_{ij}\leqslant\sum_{i\in S}\quad z_{it}-z_{kt}k\in\boldsymbol{S};\ \boldsymbol{S}\subseteq\boldsymbol{M}'_{u_t};\ t\in\boldsymbol{T}$	(3)
$y_{ij}\in\{0,\ 1\}\quad i\in\boldsymbol{M}'_{u_t};\ j\in\boldsymbol{M}'_{u_t}$	(4)

总体的优化问题可以建模如下：

目标是找到一个最小化预期总成本的政策，由预期库存、惩罚和路由成本之和给出。考虑可行策略的集合 $\mathbf{\Pi}$。每个策略都由一连串的函数 $\pi=\{\mu_1, \mu_2, ..., \mu_H\}$ 组成，其中 μ_t 将每个状态 x_t 映射到一个控制 $u_t=\mu_t(x_t)$，并使 $\mu_t(x_t)\in \boldsymbol{U}_t(x_t)$ 对于所有状态 x_t，$t\in \boldsymbol{T}$。从给定的初始状态 x_0 开始，π 的总预期成本为：

$$j_\pi(x_0)=E\left\{\sum_{t=1}^{H} g(x_t, \mu_t(x_t), r_t)+g(x_{H+1})\right\}$$

故而，问题目标是找到一个使总预期成本最小化的政策，即一个政策 π^*，使得：

$$j_{\pi^*}(x_0)=\min_{\pi\in\mathbf{\Pi}} j_\pi(x_0)$$

3. 方法介绍

该案例使用了一种混合的滚动算法。滚动算法是一种单步前瞻策略，其中最优的成本 $j_{t+1}(x_{t+1})$ 由应用启发式算法（称为基础策略）得到的成本从时间 $t+1$ 的状态 x_{t+1} 到时间 H 近似地得到。

特别是，从时间 0 的给定初始状态 x_0 开始，在时间 $t=1, 2, \cdots, H$ 对应状态 x_t 的近似展开控制是：

$$\widetilde{\mu}_t(x_t)=arg\min_{u_t(x_t)\in\widetilde{U}_t(x_t)} \widetilde{Q}_t(x_t, u_t(x_t))$$

此种方法可以在进行一定程度的有效近似之后完成高效的求解。

4. 结果和结论

该案例研究了一个允许缺货的随机 IRP，提供了一个动态规划建模，并为其解决方案提出了一个混合滚动算法。计算结果表明，该算法能够在几分钟内解决具有实际数量的零售商的实例，提供明显优于基准算法的解决方案。由于混合推出算法和基准算法都是基于问题的确定性对应的最优解，该案例还为这个问题提出了一个混合整数线性编程模型，并在一组新的有效不等式的基础上实现了分支和切割算法。数值结果表明，这个问题比不允许缺货的情况下更难解决。但是，该案例所提出的方法表现令人满意：它能够在7000秒的时间限制内，在大多数考虑的实例中确定最佳解决方案。获得的结果还表明，这种方法可以扩展到研究经典IRP的其他变化，这代表了一个新的和具有挑战性的研究领域。一个例子是，通过允许装运不超过最大数量的任何数量，放宽了订货量到水平的政策；另一个例子是随机IRP，其中不同的产品通过使用不同的政策进行再供应。

5.7 其他的联合优化问题

在上述联合优化问题之外，还有很多更为复杂或者更为特殊的联合优化问题。这些联合优化问题都会在智能生产线的重构中得到更好的实践和验证。

5.7.1 生产、维护、库存和质量控制之间的联合优化

生产规划是决定一个组织在未来生产运作中所需要的资源的过程。生产规划通常在三个层面进行：战略层面(长期)、战术层面(总产量)和操作层面(生产计划)。在关注生产规划的论文中，一般来说，主要考虑两个问题：第一个问题决定了经济生产量(EPQ)和库存水平；第二个问题是生产作业的调度和顺序，它分配可用的生产能力，并确定生产作业的顺序及其开始时间。这两个问题分别包含在战术和运营生产计划中。大多数生产调度模型假设机器总是可用的；但在真实的生产环境中，机器出现故障，可能在某些时候无法使用。生产过程非常依赖于机器的良好状态，机器故障会对生产过程产生负面影响，包括延迟生产进度、降低生产效率、增加生产成本以及降低产品质量。然而，经典的调度模型往往会忽略机器故障的

因素，单纯地依赖于生产过程的调度。因此，将生产调度与维护计划相结合，以最大限度地提高生产效率、降低生产成本，并最大化资源利用效益，显得极为必要。

维护指的是对生产设备、车间等的维护修理。维护包括设备使用期间的所有技术和管理活动，其目的是维护或恢复设备，使其能够以可接受的质量水平提供预期的任务。维护是通过两种不同的方式进行的：第一种方式是基于时间的或预防性的，当生产单位达到一定的年龄时，就为其安排维修任务；第二种方式是基于条件的或预测性的，即根据机器的需求来安排维护。基于条件的维护的最终目标是在预定的时间点进行维护，在维护活动最具成本效益的时候，在设备失去最佳性能之前。这与基于时间的维护形成对比，即无论设备是否需要，都要进行维护。维护计划是维护成本和质量相关成本之间的平衡。在维护规划中，机器维护的安排是为了防止设备突然发生故障。当机器状态不好、需要维修时，产品的质量就不利，不合格产品的生产速度也会增加；当机器突然发生故障而导致意外停机时，当前的生产计划就无法执行，客户的订单就会延迟，在紧急情况下修改生产计划通常会给系统带来高额成本。维护将减少工艺变异，有助于提高产品质量。同时，额外的维护将导致成本的增加，延迟的维护将增加过程的变异性。维护策略的选择受到生产调度决策、质量控制和库存的限制，因此维护与生产计划和质量控制的具体互动是新颖的。在短期内，生产调度寻求在没有突发设备故障的情况下分配操作和它们的顺序。从长期来看，总体规划寻求在设备停止时通过确定最佳库存水平来抵消需求。预防性维修计划可能会干扰到最佳交付时间。当一台设备不处于良好的生产状态时，在质量控制方面，工艺输出的质量是不可接受的。

质量控制力争达到与产品特性和工艺能力相适应的质量水平。质量控制系统的目标是确保质量水平是最佳的，以便将抽样误差的成本降到最低。一个产品的质量可以由大量的特征来决定。在质量控制中，一些关键特征必须得到确认，以确保产品的质量。在特定的限度内改变这些特征表明产品质量是好的，而当它超出这些限度时，生产过程就变得不可接受。质量控制方法包括验收抽样、过程控制。检查可以在生产过程中(过程控制)或生产过程后(验收抽样)进行。机器有两种故障模式：一种模式是机器迅速停止；另一种模式是机器失去控制，但还没有停止，生产继续进行。在第二阶段，不符合要求的产品被生产出来，直到检查显示过程失去控制。当生产出不合格产品时，要寻找原因，这可能是由于原材料的变化、环境因素、操作人员和机器故障。如果原因是机器故障，则应对机器进行维修。因此，质量控制与维修和生产计划是直接互动的。而生产计划、维护计划、质量控制计划，又都与库存计划高度相关，合理的库存计划能够为维护和质量控制提供足够的操作空间，高效率的生产计划又是库存计划能够实现的重要保障。故而，这四个决策要素之间的联合、互动、权衡就成了一个极具挑战性却也极具价值的问题。它们之间的两两组合乃至更多的组合构成了许多的子问题，下面我们展示三个例子。

5.7.1.1 库存控制和维护的联合优化

最为基础的维护和库存控制的联合优化是使用库存水平的状态来决定维护操作，当库存达到一定水平时，就开始进行维护操作，并将生产系统恢复到“完好如新”的状态。在维护操作之后，生产系统将保持不生产，直到库存水平下降到或低于一个预定的值。在该库存水平，设施继续生产物品，直到库存提高到应用维修的库存水平。如果设施发生故障，则进行最小限度的维修。

除此之外，也可以在动态的环境中考虑库存控制和维护的联合优化，设计基于环境变量的库存控制和维护的联合优化策略，从而保障安全的库存和安全的机器状况。

5.7.1.2 生产调度和维护的联合优化

Cassady 和 Kutanoglu 研究了整合生产调度和预防性维护的价值。他们针对一台危险率不断增加的机器开发了模型。机器每次发生故障时，都需要固定的时间来修复。通过在工作开始前进行预防性维护，可以将预期的故障数量降到最低，这将使机器恢复到"像新的一样"的状态。然而，这种预防性维护将把工作的开始时间推迟到固定时间。在这种情景下，其以最小化预期完成时间为目标，给出了最佳的维护方案，证明了维护的必要性。

5.7.1.3 生产、维护和质量控制的联合优化

生产、维护和质量控制之间的三方整合是双向整合的自然延伸。Makis 和 Fung 提出了这三者整合的模型，用于联合确定随机故障的生产设施的批量大小、检查间隔和预防性更换时间。该模型假设系统处于控制状态的时间呈指数分布，一旦出现机器故障，就会产生一定数量的不良品。他们通过定期检查设备来监督生产过程的状态，通过有效地设计产品批量和维护计划来实现长期受益的最大化。

5.7.2 设计、控制和调度的联合优化

流程工业中决策问题的复杂性通常导致决策在其对操作影响的时间尺度方面的隔离，从跨越数年的供应链管理到长达数秒的流程控制决策。然而，决策层的独立和顺序评估会导致次优的，甚至不可行的操作。故而，将设计、控制和调度整合到一个联合优化框架具有卓越的现实意义。

Burnak 等提出了一个统一的理论和框架，通过在单一的高保真模型的基础上推导出两层操作的最优决策策略的明确映射，来整合设计、控制和

调度问题。他们通过多参数编程将上层的决策明确地映射到下层。下层的明确表达使得它们能够在上层问题中得到体现。换句话说，控制问题是作为设计和调度决策的一个函数来推导的；同样，调度决策也取决于设计，并意识到控制器的动态。这些明确的控制和调度允许在设计优化问题中精确实现。此外，他们引入了一个依赖于设计的代理模型表述，以弥补控制和调度问题之间的时间尺度差距。在设计优化中直接包含操作策略，从而确保了过程的可操作性。

5.7.3 装配、库存和运输的联合优化

在一个标准的供应链中，一个工厂经常使用几个不同的部件来组装一个最终产品。这些部件通常由其他工厂生产或从供应商处购买。如果装配厂负责组织各种部件的进货运输，那么通过整合生产计划和进货车辆路线，就可以取得收益。这个问题被称为装配路由问题(ARP)。ARP在工业上有很多应用，比如生产厂和几个供应商都属于同一个公司，或者制造商是供应链中最大的参与者，集中协调进货物流决策。

显然，ARP是NP难问题，因为VRP是它的一个特例。但是，ARP和我们之前提到的PRP并不是彼此的特例，同时ARP和PRP也不是镜像问题，我们不能简单地交换客户和供应商。在ARP中，需要考虑在工厂有两个独立的储存区，分别用于储存部件(进货储存)和最终产品(出货储存)。这就导致了工厂里的零部件和最终产品的库存平衡约束。在ARP中，生产一个单位的最终产品需要每个部件的一个单位。相反，在PRP中，实际上只需要考虑最终产品。出于同样的原因，尽管IRP是PRP的一个特例(在PRP中生产率是预先确定的和给定的)，但它不是ARP的一个特例。

Chitsaz等人将ARP问题表述为一个混合整数线性规划，并提出了一个三阶段的分解数学方法，该方法依赖于不同子问题的迭代解决。第一阶段

确定设置时间表；第二阶段优化生产数量、供应商访问时间表和运输数量；第三阶段解决规划范围内每个时期的车辆路线问题。该算法是灵活的，也可以用来解决与 ARP 相关的两个著名的问题：PRP 问题和 IRP 问题。或者说，PRP 问题就是将该规划的第一阶段进行适当的调整，变成生产排产问题；而 IRP 就是将第一阶段适当省略，主要讨论库存问题。

参考文献

[1] Hadidi L A, Al-Turki U M, Rahim A. Integrated models in production planning and scheduling, maintenance and quality: a review[J]. International Journal of Industrial and Systems Engineering, 2012, 10(1): 21-50.

[2] Kumar S, Purohit B S, Manjrekar V, et al. Investigating the value of integrated operations planning: A case-based approach from automotive industry[J]. International Journal of Production Research, 2018, 56(21-22): 6971-6992.

[3] 汤洪涛，梁佳炯，陈青丰．柔性车间的多工艺路线与布局联合优化[J]．计算机集成制造系统，2022,（2）：495-506.

[4] Phanden R K, Jain A, Verma R. Integration of process planning and scheduling: a state-of-the-art review[J]. International Journal of Computer Integrated Manufacturing, 2011, 24(6): 517-534.

[5] LARSEN N E, Alting L. Dynamic planning enriches concurrent process and production planning[J]. The International Journal of Production Research, 1992, 30(8): 1861-1876.

[6] 高亮，刘齐浩，李新宇，等．集成式工艺规划与车间调度的研究综述[J]．工业工程，2022，25(3)：1-9.

[7] Ma Y, Du G, Zhang Y. Dynamic hierarchical collaborative optimisation for process planning and scheduling using crowdsourcing strategies[J]. International Journal of Production Research, 2021(1): 1-21.

[8] CRH Márquez, Ribeiro CC. Shop scheduling in manufacturing environments: a review [J]. International Transactions in Operational Research, 2022, 29(6): 3237-3293.

[9] Erdirik-Dogan M, Grossmann I E. Simultaneous planning and scheduling of single-stage multi-product continuous plants with parallel lines [J]. Computers & Chemical Engineering, 2008, 32(11): 2664-2683.

[10] Hooker JN. A Hybrid Method for Planning and Scheduling[J]. Springer, Berlin, Heidelberg, 2005.

[11] Benjaafar S, Ramakrishnan R. Modelling, measurement and evaluation of sequencing flexibility in manufacturing systems [J]. International Journal of Production Research, 1996, 34(5): 1195-1220.

[12] Integration of Process Planning and Scheduling: Approaches and Algorithms [M]. CRC press, 2019.

[13] Liao T W, Coates E R, Aghazadeh F, et al. Modification of CAPP systems for CAPP/scheduling integration[J]. Computers & Industrial Engineering, 1993, 25(1-4): 203-206.

[14] Phanden R K, Jain A, Verma R. An approach for integration of process planning and scheduling[J]. International Journal of Computer Integrated Manufacturing, 2013, 26(4): 284-302.

[15] Shao X, Li X, Gao L, et al. Integration of process planning and scheduling—a modified genetic algorithm-based approach [J]. Computers & Operations Research, 2009, 36(6): 2082-2096.

[16] Li X, Gao L, Zhang C, et al. A review on integrated process planning and scheduling [J]. International Journal of Manufacturing Research, 2010, 5(2): 161-180.

[17] Chan F TS, Zhang J, Li P. Modelling of integrated, distributed and cooperative process planning system using an agent-based approach[J]. Proceedings of the Institution of Mechanical Engineers Part B Journal of Engineering Manufacture, 2001, 215(10): 1437

-1451.

[18]李莹鹤. 面向半导体制造的单元重构与生产调度集成优化研究[D]. 重庆：重庆大学，2021.

[19]Wang W，Hu Y，Xiao X，et al. Joint optimization of dynamic facility layout and production planning based on petri net[J]. Procedia CIRP，2019，81：1207-1212.

[20]Leno I J，Saravanasankar S，Ponnambalam S G. Layout Design for Efficient Material Flow Path[J]. Procedia Engineering，2012，38(11)：872-879.

[21]Diaz-Madronero，Manuel，Mula，et al. A review of tactical optimization models for integrated production and transport routing planning decisions[J]. Computers & Industrial Engineering，2015.

[22]Adulyasak Y，Cordeau J F，Jans R. The production routing problem：A review of formulations and solution algorithms[J]. Computers & Operations Research，2015，55(mar.)：141-152.

[23]Liu L，Li K，Zou X，et al. A coordinated algorithm for integrated production scheduling and vehicle routing problem[J]. International Journal of Production Research，2018，56(15)：5005-5024.

[24]刘旺盛，江雨瑶，严浩洲，等. 生产-库存系统控制研究综述[J]. 物流研究，2022(2)：57-68.

[25]Cao J，Gao J，Li B，et al. The inventory routing problem：A review[J]. CICTP 2020，2020：4488-4499.

[26]Coelho LC，Cordeau J F，Laporte G. Thirty Years of Inventory Routing[J]. Transportation Science，2014，48(1)：1-19.

[27]Dror M，Ball M，Golden B. A computational comparison of algorithms for the inventory routing problem[J]. Annals of Operations Research，1985，4(1)：1-23.

[28]MosheDror，Larry Levy. A vehicle routing improvement algorithm comparison of a "greedy" and a matching implementation for inventory routing[J]. Computers &

Operations Research, 1986, 13(1): 33-45.

[29] Anily S, Federgruen A. One Warehouse Multiple Retailer Systems with Vehicle Routing Costs[J]. INFORMS, 1990.

[30] Henderson D, Jacobson S H, Johnson A W, et al. Handbook of Metaheuristics[M]. Springer US, 2010.

[31] Berbeglia G, Cordeau J F, Laporte G. Dynamic pickup and delivery problems[J]. European Journal of Operational Research, 2010, 202(1): 8-15.

[32] Bertazzi L, Bosco A, Guerriero F, et al. A stochastic inventory routing problem with stock-out[J]. Transportation Research Part C, 2013, 27(Feb.): 89-107.

[33] FarahaniA, Tohidi H. Integrated optimization of quality and maintenance: A literature review[J]. Computers & Industrial Engineering, 2020.

[34] Srinivasan MM, Lee H S. Production-inventory systems with preventive maintenance[J]. IIE Transactions, 1996, 28(11): p. 879-890.

[35] Cassady C R, Kutanoglu E. Integrating preventive maintenance planning and production scheduling for a single machine[J]. IEEE Transactions on Reliability, 2005, 54(2): 304-309.

[36] Makis V, Fung J. Optimal preventive replacement, lot sizing and inspection policy for a deteriorating production system[J]. Journal of Quality in Maintenance Engineering, 1995, 1(4): 41-55.

[37] Grossmann I. Enterprise-wide optimization: A new frontier in process systems engineering [J]. Aiche Journal, 2010, 51(7): 1846-1857.

[38] Burnak B, Diangelakis N A, Katz J, et al. Integrated process design, scheduling, and control using multiparametric programming[J]. Computers & Chemical Engineering, 2019, 125(JUN. 9): 164-184.

[39] Chitsaz M, Cordeau J F, Jans R. A Unified Decomposition Matheuristic for Assembly, Production, and Inventory Routing[J]. Informs Journal on Computing, 2019.

总　　结

本书对智能生产线的虚拟重构的相关问题进行了梳理和总结，分别介绍了生产线布局与设计重构、生产调度重构、仓储管理重构、物流系统重构以及重构中的联合优化等五部分内容。在各部分之中，本书描述了各个问题的背景内容、难点、建模以及解法，并且辅以生动的实际案例，对智能生产线的虚拟重构进行了多角度全方位的系统讲解。

在生产线布局与设计重构部分中，我们给出了生活线布局设计与重构问题的基本定义，整理了相关的概念及术语，针对问题特性进行了深入的分析，并且将其中的典型问题做了良好的分类。在奠定了问题基础之后，我们探究了各类问题的优化模型与求解方法，分别从问题表现形式、目标函数、数据类型、建模方式、约束等多角度分析，完成了对问题的拆解。建模分析之余，我们对于当前趋势和未来研究与应用方向做出了总结与展望，为该问题的发展提出了诸多建议。最后，我们通过一个多生产车间制造单元布局重构问题的案例，更为具体地对所述的模型与方法进行了演示。

在生产调度重构部分中，我们梳理了调度重构的基本概念，构建了基础的术语体系，对理论问题和现实问题进行了辨析与对比。在这个问题中，我们尤其关注生产调度中的灵活性和柔性，重点思考系统中的突发事件应对，并探讨了相关的性能指标。该章节中，我们从车间级别和系统层级两个维度研究了生产调度重构问题。我们将车间级别的重构总结分类为预测响应式调度、完全响应式调度、鲁棒预响应调度三种类型，这三种类型代表了三种理念和技术路线，分别适用于不同的需求和场景，我们所介绍的案例能够有效地体现这种差别。而针对系统层级的重构，我们将其概括为自主体系结构和中介体系结构两种。作为一个更高维度的重构问题，自主体系和中介体系也代表了两种智能生产线的组织方式。我们对这两种体系进行了详尽分析和案例研究。

在仓储管理重构部分中，我们主要对仓库的布局与库存问题进行了重构尝试。首先，我们讨论了仓储管理中的两个经典问题：库存补货问题以及仓库布局与订单拣选问题。针对这两个问题，我们进行了标准的问题定义、概念的阐释、难点的分析以及如何在重构语境之下重新审视这些经典问题的探索。更进一步地，我们结合实际问题研究了单个仓库的仓储管理重构与多仓库或无仓库的仓储管理重构问题。单个仓库的重构是所有仓储管理重构的基础，我们结合具体案例展示了这个重构过程，介绍了需求更新下的贝叶斯库存重构问题与新型仓库的布局重构问题。而在此基础之上，多仓库代表了更高级别的仓储体系，无仓库代表了特殊的应用场景和前沿需求，对于这两者的专门研究也是不可忽视的。我们在该部分介绍了多级仓库网络的库存重构与共享单车的库存重构作为多仓库和无仓库问题的典型案例。

在物流系统重构部分中，我们首先进行了制造系统物流问题的简单综述，提出了值得关注的关键问题。在现代物流系统中，AGV 系统是避不开的重要话题，对于其参与的物流系统重构极具探索和研究的价值。我们针对 AGV 系统的设计、自动导引车的调度、AGV 的路由和调度、吞吐量计算等问题进行了细致的分析，重构了在 AGV 参与下的现代制造物流系统。

除此之外，物流系统作为重要的支撑系统，对于其重构不可避免地要与其他生产线环节进行关联和结合，故而我们也初步探讨了联合生产和配送的问题。

在重构中的联合优化部分，我们将上述各个独立环节结合起来，重点介绍了智能生产线重构中的联合优化问题。我们分别介绍了工艺流程与产线布局的联合优化、工艺流程与生产排程的联合优化、产线布局与生产排程的联合优化、产线布局与物流调度的联合优化、生产与物流调度的联合优化、仓储库存与物流运输的联合优化及其他更为细化复杂的联合优化问题。我们对每一个问题都结合具体案例进行了全面的分析。该部分是对智能生产线虚拟重构的融会贯通，更加贴合智能生产线的现实需求，对新方向的探索也更加具有理论指导意义。